园林植物栽培管理与育种研究

孙 燕 著

吉林科学技术出版社

图书在版编目（CIP）数据

园林植物栽培管理与育种研究 / 孙燕著. -- 长春 : 吉林科学技术出版社, 2024.5
ISBN 978-7-5744-1399-3

Ⅰ. ①园… Ⅱ. ①孙… Ⅲ. ①园林植物—观赏园艺②园林植物—植物育种 Ⅳ. ①S68

中国国家版本馆 CIP 数据核字（2024）第 101842 号

园林植物栽培管理与育种研究

著　　孙　燕
出版人　宛　霞
责任编辑　袁　芳
封面设计　树人教育
制　　版　树人教育
幅面尺寸　185mm × 260mm
开　　本　16
字　　数　260 千字
印　　张　12
印　　数　1~1500 册
版　　次　2024 年 5 月第 1 版
印　　次　2024 年10月第 1 次印刷

出　　版　吉林科学技术出版社
发　　行　吉林科学技术出版社
地　　址　长春市福祉大路5788 号出版大厦A 座
邮　　编　130118
发行部电话/传真　0431-81629529 81629530 81629531
81629532 81629533 81629534
储运部电话　0431-86059116
编辑部电话　0431-81629510
印　　刷　廊坊市印艺阁数字科技有限公司

书　　号　ISBN 978-7-5744-1399-3
定　　价　75.00元

前言

人类作为万物之灵，是自然的一部分，又是自然的破坏者、掠夺者。人们享受着城市化带来的现代、方便、舒适的生活同时，又向往自然生态的森林、湖泊和山水。于是，人们在钢筋混凝土的城市森林中创造性地节约土地，模拟自然营造宜居的生存环境和生活环境。

园林绿化对提高城市的绿地覆盖率，美化、改善和保护环境，维持大自然的生态平衡，满足人们旅游和日常休闲、文化娱乐的需要，增进人们的身心健康，以及对文化宣传、科学普及、提高人们的环保意识等方面都起着积极而重要的作用。一个国家和一个地区的园林绿化事业发展的状况，在一定的程度上，反映了其文化与历史发展的水平和现状，可以说园林绿化是城市精神文明建设和物质文明建设的窗口，也是衡量人们生活水平的尺度。它既能发挥巨大的社会效益，也能创造出极大的经济效益。

园林绿化需要大量的园林植物。与造林树种相比，园林植物包括的范围比较广。凡是在园林绿化中用来美化、香化、彩化和绿化环境的植物，统称为园林植物，包括木本植物和草本植物两大类，如各种乔灌木、花卉、竹类、地被植物、草坪植物及水生植物等。它们是构成自然环境和公园、风景区及城市绿化的基本材料。通过艺术化设计，将各种类型的园林植物进行艺术搭配和合理配置，再配以少量的建筑、山石、桥梁、园路、雕塑、喷泉及水体等设施，即可组成一个优美、雅静、舒适和色彩丰富、风景如画的绿化环境，供人们游览、观赏、休憩，既丰富陶冶了人们的情操，又解除了人们工作以后的疲劳。

同时，园林植物育种是丰富园林植物、改良园林植物品种及发展园林植物种苗产业的基础，也是园林行业技术创新的源头。随着我们现代化进程的加剧，园林事业正显现出巨大的生命力，与之不相适应的是，目前我国的城市用花主要依赖于进口种子。因此，培养具有坚实理论基础和实践技能的园林植物育种工作者，是一项十分迫切的任务。

本书详细介绍了园林种子的生产与管理、育种技术、规划设计、栽培技术等整套技术，详细阐述了园林植物的观赏特性，为合理选择植物和科学栽植大苗、大树提供理论依据。由于笔者水平有限，本书难免存在不妥甚至谬误之处，敬请广大学界同人与读者朋友批评指正。

目　录

第一章　园林植物的观赏特性

园林中没有植物就不能称为真正的园林。园林植物种类繁多，每种植物由于大小、形态、色彩、质地、风韵等的不同，表现出不同的观赏特性。同时，园林植物又是园林空间弹性最强的部分，它们可以按照人们审美、观赏的需要，进行艺术的布局，或此密彼疏，或此高彼低，或此花彼树，成为园林极富变化的动态美感。园林植物景观也是静中有动的景观，植物从萌芽到成株、成景，处于不断变化的动态过程，并且根据季节不同表现出春花、夏荫、秋色、冬姿的四季动态景观。

园林植物的美可分为群体美和个体美。群体美是多株、多种园林植物栽植成群落后，在林冠线、林缘线、外部色彩、内部疏密上表现出的不同美感。个体美是指单个植物所表现出的大小、质地、形态、色彩以及花、叶、果表现出的独特美感。本章重点介绍园林植物的个体美。

第一节　园林植物体量与观赏特性

植物的体量大小是最重要的观赏特性，直接影响着空间氛围、结构关系、设计的构思与布局。植物体量的大小将植物分为以下六类：乔木、灌木、藤本、竹类、草本花卉、地被植物（表 1-1）。

表 1–1　园林植物的类型

<table>
<tr><th>种类</th><th>特点</th><th colspan="3">分类及特征</th></tr>
<tr><td rowspan="3">乔木</td><td rowspan="3">体形高大（在 5m 以上），中心主干明显，分枝点高，寿命长</td><td>按高矮分</td><td colspan="2">（1）大乔木：20m 以上（如松树、香樟）
（2）中乔水：10-20m（如槐树）
（3）小乔木：5-10m（如山桃）</td></tr>
<tr><td rowspan="2">按落叶状态分</td><td>常绿乔木</td><td>阔叶常绿乔木（如广玉兰）
针叶常绿乔木（如马尾松）</td></tr>
<tr><td>落叶乔木</td><td>阔叶落叶乔木（如鹅掌楸）
针叶落叶乔木（如水杉）</td></tr>
</table>

（续表）

种类	特点	分类及特征	
滋木	树体矮小（在 5m 以下），没有明显主干，多呈丛生状态，或自基部分枝	按高矮分	（1）大灌木：2m 以上（如木兰、海桐） （2）中灌木：1 ~ 2 m（如绣球、结香） （3）小灌木：1m 以下（如茉花、六月雪）
		按落叶状态分	（1）常绿灌木：（如千头柏） （2）落叶灌木：（月季、丁香）
藤本	依靠其特殊器官（吸盘或卷须）或靠蔓延作用依附于其他植物体上	（1）常绿藤本（如长春藤） （2）落叶藤本（如紫蓉）	
竹类	干木质浑圆，中空有节，皮翠绿色，花不常见，一旦开花大多数于花后全株死亡	（1）散生型竹（如毛竹、紫竹） （2）丛生型竹（如孝顺竹、凤尾竹） （3）复轴混生型竹（如苦竹、箬竹	
草本花卉	姿态优美，花色艳丽，花香馥部，具有观赏价值的草本	（1）一年生花寿：春季播种，当年开花（如鸡冠花） （2）二年生花卉：秋季播种，次年开花（如金盏菊） （3）多年生宿根花东：一次播种，多年开花（如菊花） （4）球根花卉：有肥大的根或茎（如大丽花、葱兰） （5）水生花点：生于水中或近水边（如荷花、千屈）	
地被植物	低矮的草本植物，用以覆盖地面（如野牛草、肉牙根、结缕草）		

园林植物的大小除了与遗传有关外，还与植物的年龄、生长速度有很大的关系，一株十年生的香樟与一株三十年生的香樟景观效果有很大的差异。园林植物的大小也会影响植物群体景观的效果，大小一致的植物组合在一起，整齐、统一，但单调乏味。如果大小不同、高度不同的园林植物合理组合，配以平面上的疏密变化，就会形成优美的林冠线、错落有致的林缘线，创造出不同的植物景观空间。

第二节　园林植物形态与观赏特性

在园林植物造景配置中，植物形态是构景的基本因素之一，它对园林景观的创作起着巨大的作用。植物形态由树冠及树干组成，树冠由一部分主干、主枝、侧枝及叶幕组成。不同的树种各有其独特的树形，主要由植物的遗传性而决定，但也受外界环境因素的影响，而在园林中人工养护管理因素更能起决定作用。植物外形基本类型为：圆锥形、尖塔形、圆柱形、圆球形、垂枝形、披散形、人工形等（图 1-1 ~ 图 1-17）。

单株或群体植物的外形，是指植物从整体形态与生长习性来考虑大致的外部轮廓在植物的构图与布局上影响着统一性和多样性。

1. 圆锥形

株型构成特点：主干明显，顶端优势发达，主枝向上延伸，与主干呈 45° ~ 60° ，树冠丰满呈圆锥体状，树冠由下向上收缩成尖顶状，在顶端形成尖削状，大枝接近水平状着生在主干上，具有严肃、端庄的效果，与低矮的圆球形植物配置对比强烈，还可加强地形的高耸感。如圆柏、侧柏、马尾松、广玉兰等。

2. 尖塔形

株型构成特点：主枝平展，与主干几乎呈 90°，基部主枝粗长，向上细短。如雪松、水杉、幼年期银杏等。

3. 圆柱形

株型构成特点：主干明显，顶端优势明显，树冠基部与顶部均不开展，树冠上、下部直径大小接近，树冠紧抱，冠长远远超过冠径，整体形态细窄长。如杜松、北美圆柏、柴杉、龙血树、塔柏等。

4. 圆球形

株型构成特点：主干不明显，枝条斜生主干，树冠开展，包括圆形、球形、卵圆形、圆头形、扁球形、半球形等，如千头柏、鸡爪槭等。

5. 垂枝形

株型构成特点：具主干，树冠形体多样，但均有明显悬垂或下弯的细长枝条。如垂枝柳、垂枝槐、垂枝榆、垂枝梅、垂枝桃、垂枝山毛榉等。

6. 披散形

株型构成特点：植株低矮，无主干，枝条在接近地面处分枝，水平状向四周伸展，包括匍匐形、偃卧形、拱枝形等。如铺地柏、沙地柏等。

7. 雕琢形、绿雕（人工形）

株型构成特点：模仿人物、动物、建筑及其他物体形态，对植物进行人工修剪、攀扎、雕琢而形成的各种复杂的几何形体。

图 1–1　塔柏（圆柱形）

图 1–2　雪松（尖塔形）

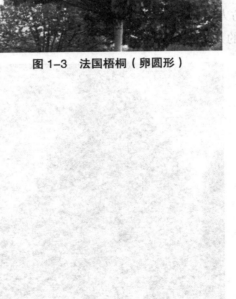

图 1–3　法国梧桐（卵圆形）

图 1–4　广玉兰（圆锥形）

图 1–5　加纳利海藻（棕榈形）

图 1–6　芭蕉（芭蕉形）

图 1-7 黑松（风致形）

图 1-8　连翘（拱枝形）

图 1-9　马尾松（盘伞形）

图 1-10　鸡爪槭（圆球形）

图 1-11　铺地柏（匍匐形）

图 1-12　垂枝柳（垂枝形）

图 1-13　石楠（扁球形）

图 1-14　小叶榕（人工形）

图 1-15　凌霄（攀缘形）

图 1–16　龙爪柳（龙游形）

图 1–17　香樟（阔卵形）

第三节　园林植物的叶与观赏特性

园林植物的叶具有极其丰富多彩的形状。对叶的观赏特性来讲，一般着重在以下几个方面。

一、叶的大小

植物叶片大的如巴西棕，其叶片长达 20m 以上，小的如侧柏等的鳞片叶仅长几毫米。一般来说，原产热带湿润气候的植物叶都较大，如芭蕉、椰子、棕榈等；而产于寒冷干燥地区的植物叶多较小，如榆、槐、槭等。

1. 小叶型

叶片长度远远超过宽度，形状以针状、鳞片状、条状等为主，包括松类、杉类、柏类、万寿菊、文竹、武竹等。具有细碎、坚硬、紧实、强劲、顽固的观赏特征。

2. 中叶型

中叶型包括圆形、卵形、椭圆形、心脏形、肾形、三角形、菱形、扇形、掌状形、马褂形等，多数阔叶树及草花属此类型。有丰富、圆润、素朴、圆满、适度等感觉。

3. 大叶型

叶片巨大，叶片数量不多。以大中型羽状或掌状开裂叶片为多，如棕榈科、苏铁科的许多树种以及泡桐等，草本植物如荷花、海芋、龟背竹、王莲、芭蕉、一叶兰等，有新奇、大气、整齐的视觉特征。

二、叶的形状

植物的叶形，变化万千，各有不同，从观赏特性的角度来看是与植物分类学的角度不同的，一般将各种叶形归纳为以下几种基本形态。

（一）单叶

（1）针形类：包括针形叶及锥形叶，如油松、雪松、柳杉等。

（2）条形类（线形类）：如冷杉、紫杉等。

（3）披针形类：如柳、杉、夹竹桃等。

（4）椭圆形类：如金丝桃、天竺桂、柿以及长椭圆形的芭蕉等。

（5）卵形类：包括卵形及倒卵形叶，如女贞、玉兰等。

（6）圆形类：包括圆形及心形叶，如紫荆、泡桐等。

（7）掌状类：如刺楸、梧桐等。

（8）三角形类：包括三角形及菱形，如钻天杨、乌桕等。

（9）奇异形：包括各种引人注目的形状，如鹅掌楸的鹅掌形或长衫形叶，羊蹄甲的羊蹄形叶，变叶木的戟形叶以及为人熟知的银杏的扇形叶等。

（二）复叶

（1）羽状复叶：包括奇数羽状复叶及偶数羽状复叶，以及二回或三回羽状复叶，如刺槐、合欢、南天竹等。

（2）掌状复叶：小叶排列成指掌形，如七叶树等；也有呈二回掌状复叶者，如铁线莲等。

三、叶的色彩

叶的颜色有极大的观赏价值，叶色变化的丰富，难以用笔墨形容，虽为高超的画家也难调配出它所具有的色调，园林工作者若能充分掌握并加以精巧地安排，必能形成神奇之笔。

（一）根据叶色的特点可分为以下几类

绿色类绿色虽属叶子的基本颜色，但详细观察则有嫩绿、浅绿、鲜绿、浓绿、黄绿、赤绿、褐绿、墨绿、亮绿、暗绿等差别。将不同绿色的树木搭配在一起，就能形成美妙的色感。例如在暗绿色针叶树丛前，配植黄绿色树冠，会形成满树黄花的效果。现以叶色的浓淡为代表，举数例如下。

（1）叶色呈深浓绿色：如油松、圆柏、雪松、广玉兰、山茶、女贞、桂花、槐、大叶黄杨等（图 1-18、图 1-19）。

图 1–18 广玉兰墨绿色叶

（2）叶色呈浅淡绿色：如水杉、金钱松、鹅掌楸、玉兰等（图 1-20）。

图 1–19 大叶黄杨深绿色叶

图 1–20 鹅掌楸浅绿色叶

（二）春色叶类及新叶有色类

植物的叶色通常因季节的不同而发生变化，在春季新发生的嫩叶有显著不同叶色的，统称为春色叶树。例如，香樟、红叶石楠的春叶呈红色，香椿春叶呈紫红色等（图 1-21 ~ 图 1-23）。

图 1-21　香樟春叶微红

图 1-22　香椿春叶紫红

图 1-23　红叶石楠春叶鲜红

（三）秋色叶类

凡在秋季叶色能有显著变化的植物，均称为秋色叶植物。

（1）秋叶呈红色或紫红色类者如鸡爪槭，枫香，地锦、小檗、樱花、漆树，盐肤木、野漆，黄连木、柿，南天竹、花楸、乌桕、石楠、山楂等（图 1-24）。

（2）秋叶呈黄或黄褐色者如银杏、鹅掌楸、梧、榆、槐、无患子、紫荆、栾树、悬铃木、水杉、落叶松、金钱松等（图 1-25、图 1-26）。

图 1-24 乌桕秋叶变红

图 1-25 银杏秋叶变金黄

图 1-26 金钱松秋叶金黄

（四）常色叶类

有些植物的变种或变型，其叶常年均呈异色，而不必待秋季来临，特称为常色叶树。全年树冠呈紫色的有紫叶小檗、紫叶李、紫叶桃、红檵木等；全年叶均为金黄色的有金叶鸡爪槭、金叶雪松、金叶圆柏等；全年叶均具斑驳纹的有金心黄杨、银边黄杨、变叶木、洒金珊瑚等（图 1-27 ~图 1-29）。

图 1-27　红枫常年叶鲜红

图 1-28　红檵木常年叶紫红

图 1-29　紫叶小檗常年叶紫红

（五）双色叶类

某些植物，其叶背与叶表的颜色显著不同，在微风中就形成特殊的闪烁变化的效果，这类树种特称为双色叶树。例如，红背桂、胡颓子等（图 1-30、图 1-31）。

图 1–30 红背桂双色叶

图 1–31 胡颓子双色叶

（六）斑色叶类

某些植物绿叶上具有其他颜色的斑点或花纹，如洒金珊瑚、花叶芦竹、花叶蔓长春、金边黄杨等（图 1-32 ～图 1-35）。

图 1–32 花叶芦竹斑色叶

图 1–33 花叶蔓长春斑色叶

图 1-34　洒金珊瑚斑色叶

图 1-35　金边黄杨斑色叶

第四节　园林植物的花与观赏特性

园林植物花朵的观赏价值表现在花的形态美、色彩美、芳香美等几个方面，花的形态美主要表现在花朵或花序本身的形状上，其次就是花相，即花朵在枝条上的排列方式并在树冠上表现出的整体形貌。

一、花形与花色

（一）花形

园林植物的花朵，有各式各样的形状和大小，而且在色彩上更是千变万化，层出不穷。单朵的花又常排聚成大小不同、式样各异的花序。由于花器和其附属物的变化，形成了许多欣赏上的奇趣。例如金丝桃花朵上的金黄色小蕊，长长地伸出于花冠之外（图 1-36）；金链花的黄色蝶形花，组成了下垂的总状花序；吊灯扶桑朵朵红花垂于枝叶间，好似古典的宫灯（图 1-37）；琼花如同蝴蝶戏珠（图 1-38）；红千层花序如同试管刷（图 1-39）。

图 1-36　金丝桃灿若金丝

图 1-37　吊灯扶桑如古典宫灯

图 1-38　琼花如蝴蝶戏珠

图 1-39　红千层花序如试管刷

（二）花色

除花序、花形之外，色彩效果是最主要的观赏要素。花色变化极多，无法一一列举，现仅将几种基本颜色花朵的观花植物列举如下。

（1）红色系花：海棠、桃、杏、梅、樱花、蔷薇，玫瑰、月季、贴梗海棠、石榴、牡丹、山茶、杜鹃、锦带花、夹竹桃、毛刺槐、合欢、紫薇、紫荆、扶桑等等。

（2）黄色系花：迎春、连翘、金钟花、桂花、黄蔷薇、棣棠，金丝桃、蜡梅、金老梅、黄夹竹桃、小檗等。

（3）蓝色系花：紫藤、杜鹃、木槿、泡桐、八仙花、醉鱼草等。

（4）白色系花：茉莉、白茶花、溲疏、女贞、荚蒾、甜橙、玉兰、广玉兰、白兰、栀子花、梨、白碧桃、白杜鹃、刺槐、绣线菊、白木槿、白花夹竹桃等。

二、花的芳香

以花的芳香而论，目前虽无一致的标准，但可分为清香（如茉莉）、甜香（如桂花）、浓香（如白兰花）、淡香（如玉兰）、幽香（如树兰）。不同的芳香对人会引起不同的反应，有的起兴奋作用，有的却让人反感。在园林中，许多国家常有所谓“芳香园”的设置，即利用各种香花植物配植而成。

三、花相

我们将花或花序着生在树冠上的整体表现形貌，称为花相。园林植物的花相，从植物开花时有无叶簇的存在来看，可分为两种形式，一为纯式，二为衬式。前者指在开花时，叶片尚未展开，全树只见花不见叶的一类，故曰纯式；后者则在展叶后开花，全树花叶相衬，故曰衬式。现将树木的不同花相分述如下。

（一）独生花相

本类较少、形状较奇特，例如苏铁类（图 1-40）。

图 1–40　苏铁独生花相

（二）线条花相

花排列于小枝上，形成长形的花枝。

由于枝条生长习性之不同，有呈拱状花枝的，有呈直立剑状的，或略短曲如尾状的等。简言之，本类花相大抵枝条较稀，枝条个性较突出，枝上的花朵或花序的排列也较稀。呈纯式线条花相者有连翘（图 1-41）、金钟花等，呈衬式线条花相者有迎春花等（图 1-42）。

图 1–41　连翘纯式线条花相

图 1–42　迎春衬式线条花相

（三）星散花相

花朵或花序数量较少，且散布于全树冠各部。衬式星散花相的外貌是在绿色的树冠底色上，零星散布着一些花朵，有丽而不艳，秀而不媚之效。如珍珠梅、鹅掌楸、白兰等。纯式星散花相种类较多，花数少而分布稀疏，花香不烈，但亦疏落有致。若于其后能植有绿树背景，则可形成与衬式花相似的观赏效果（图 1-43）。

图 1–43　石榴星散花相

（四）团簇花相

花朵或花序形状大而多，就全树而言，花感较强烈，但每朵或每个花序的花簇仍能充分表现其特色。呈纯式团簇花相的有玉兰、木兰等（图 1-44）。属衬式团簇花相同的可以绣球为典型代表（图 1-45）。

图 1–44　二乔玉兰呈纯式团簇花相

图 1-45　木绣球衬式团簇花相

（五）覆被花相

花或花序着生于树冠的表层，形成覆伞状。属于本花相的树种，纯式有绒叶泡桐、云实等，衬式有广玉兰、七叶树、栾树等（图 1-46）。

图 1-46　云实覆被花相

（六）密满花相

花或花序密生全树各小枝上，使树冠形成一个整体的大花团，花感最为强烈。例如榆叶梅、毛樱桃、郁李等（图 1-47）。

图 1-47　榆叶梅密满花相

（七）干生花相

花着生于茎干上，种类不多，大致均产于热带湿润地区。例如槟榔、枣椰、鱼尾葵、山槟榔、木菠萝、可可等。在华中、华北地区之紫荆，亦能于较粗老的茎干上开花，但难与典型的干生花相相比拟（图 1-48）。

图 1-48　紫荆干生花相

第五节　园林植物的果实与观赏特性

园林植物果实的观赏价值，表现在果实的形状、大小和色彩上。奇特的形状，鲜艳的色彩和或大或小的体量，往往表现出不同的观赏特征。

一、果实的形状

一般果实的形状以奇、巨、丰为准。所谓“奇”，乃指形状奇异有趣（图 1-49）。例如铜钱树的果实形似铜币；象耳豆的荚果弯曲，两端浑圆而相接，犹如象耳一般；腊肠树的果实好比香肠；秤锤树的果实如秤锤一样；紫珠的果实宛若许多晶莹透体的紫色小珍珠。所谓“巨”，乃指单体的果形较大，如柚（图 1-50）；或果虽小而果形鲜艳，果穗较大，如接骨木，均可收到“引人注目”之效。所谓“丰”，乃就全树而言，无论单果或果穗，均应有一定的丰富数量，才能发挥较高的观赏效果（图 1-51）。

图 1–49　板栗的果实如同刺球

图 1–50　柚子果实巨大

图 1–51　石楠果实数量极多

二、果实的色彩

果实的颜色，有着更大的观赏意义。“一年好景君须记，最是橙黄橘绿时。”苏轼这首诗描绘出一幅美妙的景色，正是果实的色彩效果。现将各种果色的树木，分列如下。

（一）果实呈红色

山楂、冬青、枸杞、火棘（图 1-52）、樱桃、毛樱桃、麦李、枸骨、南天竹、珊瑚树、 紫金牛、橘、柿、石榴等。

图 1–52　火棘果冬季鲜红色

（二）果实呈黄色

银杏、梅、杏、柚、甜橙、枇杷（图 1-53）、金柑、梨、木瓜、贴梗海棠等。

图 1–53　枇杷果夏季金黄色

（三）果实呈蓝紫色

紫珠、蛇葡萄、十大功劳（图 1-54）、葡萄（图 1-55）等。

图 1-54　淡蓝色的十大功劳果实

图 1-55　紫红色的葡萄果实

（四）果实呈黑色

小叶女贞、小蜡、女贞（图 1-56）、金银花等。

图 1–56　黑色的女贞果实

（五）果实呈白色

红瑞木（图 1-57）、湖北花楸等。

除上述基本色彩外，有的果实还有具花纹的。另外，由于光泽度、透明度等的不同，又有许多细微的变化。在选用观果植物时，最好选择果实不易脱落而且浆汁较少的，以便长期观赏。

图 1–57　白色的红瑞木果实

第二章　园林植物的分类与生长规律

园林植物是园林绿化的主体材料，在各类园林绿地中通过配置，可充分展现其个体美和群体美，发挥综合功能。了解不同类型的园林植物及其生长发育规律，对掌握苗木培育、移栽施工、养护管理、整形修剪及园林规划设计等技术十分重要。

第一节　园林植物分类

园林植物是指在园林绿化中栽植应用的植物。植物分类的方法可分为自然分类法和人为分类法两种，自然分类法是以植物进化过程中亲缘关系的远近作为分类标准的分类方法；人为分类法是按照人们的目的和需要，以植物一个或几个特征或经济意义作为分类依据的分类方法。由于我国园林植物资源非常丰富，各自在园林绿化中起的作用又不尽相同，为便于研究和应用，除按系统分类方法外，还可将园林植物按以下方法人为分类。

一、依生物学特性分类

（一）木本观赏植物

木本观赏植物是指茎木质化、枝干坚硬、难折断的多年生植物。它可分为乔木类、灌木类、藤本类、葡地类、赏竹类 5 个类型。

1. 乔木类。主干明显高大而直立，侧枝由主干发出，主干高于 5 米，如银杏、银桦、桂花、雪松、油松等。

（1）常绿类，如广玉兰、棕榈、雪松等。

（2）落叶类，如鹅掌楸、元宝枫、杜仲、悬铃木等。

2. 灌木类。树体矮小，无明显主干，由地面萌发丛生状枝条，树干低于 6 米，如牡丹、月季、栀子花、蜡梅、贴梗海棠等。

（1）落叶灌木类，如蜡梅、月季、紫荆等。

（2）常绿灌木类，如火棘、海桐、十大功劳等。

3．藤本类。茎长而细弱，不能直立，缠绕或攀附他物而向上生长的木本植物。包括绞杀类、吸附类，如爬山虎、凌霄；卷须类，如葡萄；蔓条类，如蔷薇等。

4．匍地类。干枝均匍地而生，如铺地柏。

5. 赏竹类。枝叶秀丽，优雅别致，四季常青，广泛应用的如紫竹、毛竹、刚竹、淡竹等。

（二）草本观赏植物

草本观赏植物，茎草质，木质化程度低，柔软多汁，易折断。包括一年生花卉、多年生花卉、草坪及地被植物等种类。

1．一年生花卉。个体生长发育在一年内完成生命周期的花卉。春播，夏秋开花结实，秋冬死亡。（春播花卉）原产热带、亚热带地区，如凤仙花、鸡冠花、孔雀草、地肤等。

2．二年生花卉。秋播，当年只长营养器官，次年春夏开花结实，夏秋植株死亡，个体生长发育需跨年度才能完成生命周期。（秋播花卉）原产温带、寒冷地区，如三色堇、雏菊、瓜叶菊、石竹、金鱼草、虞美人、勋章菊等。

3．多年生花卉。个体寿命超过两年的，能多次开花结实的花卉。根据地下部分形态变化，分为宿根花卉和球根花卉两类。

（1）宿根花卉：植株入冬后，根系在土壤中宿存越冬，第二年春天萌发，个体寿命在两年以上，能多次开花结实。如兰花、萱草、菊花、非洲菊、香石竹、玉簪、芍药、虎尾兰、红掌、鹤望兰、君子兰、万年青等。

（2）球根花卉：花卉地下根或地下茎变态为膨大的根或茎，贮藏养分和水分度过休眠期的花卉。按地下部分的器官形态，可分为下列种类。

鳞茎类：地下茎膨大成扁平球状，由肥厚鳞片抱合而成。如水仙、郁金香、百合、朱顶红等。

球茎类：地下茎短缩成肥大实心球状，有环状节痕，节上有侧芽，外被膜质鞘，顶芽发达，侧芽不发达。如唐菖蒲、小苍兰、西班牙鸢尾、番红花、秋水仙、观音兰、虎眼万年青等。

块茎类：地下茎膨大成不规则块状或球形，表面无环状节痕，有叶痕，块茎顶部有几个发芽点。如大岩桐、马蹄莲、彩叶芋、仙客来、晚香玉等。

根茎类：地下茎肥大呈根状，上面具有明显的节和节间。节上有小而退化的鳞片叶，叶腋有腋芽，尤以根茎顶端侧芽较多，由此发育为地上枝，并产生不定根。这类球根花卉有美人蕉、荷花、姜花、睡莲、鸢尾、六出花等。

块根类：由不定根或侧根膨大形成。休眠芽着生在根茎附近，由此萌发新梢，新根伸长后下部又生成多数新块根。分株繁殖时，必须附有块根末端的根茎。这类球根花卉有大丽花、花毛等。

4．草坪及地被植物。草坪植物用于地面形成较大面积而又平整的草地，常见的有结缕草、早熟禾、黑麦草、野牛草等。地被植物是指那些株丛密集、低矮，经简单管理即可用于替代草坪覆盖在地表，防止水土流失，能吸附尘土、净化空气、减弱噪声、消除污染，并具有一定观赏和经济价值的植物。它不仅包括多年生低矮草本植物，还包括一些适应性较强的低矮、葡萄型的灌木和藤本植物。

二、依观赏部位分类

1. 观花类。植株开花繁多，花色鲜艳、花型奇特美丽，包括大部分草花、菊花、郁金香、茶花、非洲菊、香花植物等。

2．观形类。观形类是指一些树形高大伟岸、枝叶繁茂、挺拔秀丽的树种，它们大多为乔木，主要观赏价值非花非果，而是外形漂亮，并且四季皆宜，经久不衰。如滇朴、银桦、香樟等。

3．观叶类。叶形奇特，形状不一，挺拔直立，叶色翠绿，以观叶为主。如彩叶草、龟背竹、苏铁、藤类植物、变叶木等。

4. 观茎类。茎奇特，变态为肥厚的掌状，节间极度短缩，以观茎为主。如佛肚竹、酒瓶兰、仙人掌、文竹等。

5. 观果类。果实形状奇特，果色鲜艳，挂果期长，以观果为主。如冬珊瑚、观赏辣椒、佛手、金桔、乳茄、火棘等。

6．观根花卉。根呈肥厚的薯状、小溪流水状、悬崖瀑布状，以观根为主。如人参榕、龟背竹等。

7. 其他观赏类。银芽柳有毛茸茸、银白色的芽；象牙红、马蹄莲、叶子花有鲜红色的苞片；鸡冠花有膨大的花托；紫茉莉、铁线莲有瓣化的苞片；美人蕉、红千层有瓣化的雄蕊等。

三、依开花季节分类

1．春花类。2 月－ 4 月盛开，如大部分秋播的二年生草花、郁金香、山茶花、杜鹃花、报春花、梅花、迎春等。

2．夏花类。5 月－ 7 月盛开，如凤仙花、荷花、月季、茉莉花、石榴花等。

3．秋花类。花期 8 月－ 10 月，如菊花、大丽花、桂花、大部分春播花卉等。

4. 冬花类。11 月至次年 1 月开花，如水仙、蜡梅、一品红、仙客来、墨兰、蟹爪兰等。

四、按园林用途分类

（一）园林树木类

1. 独赏树。指为表现树木的形体美，可独立成为景观供人观赏的树种。在一些特殊的场所如花坛的中心、大门的两侧、照壁的两侧或绿地的中心，栽植一株或两株树木，点缀空间，形成景观。如圆柏、雪松、紫薇等。

2. 庭荫树。冠大荫浓，在公园、居住区或其他风景区中起遮阴和装点空间作用的乔木。庭荫树应具备树形美观、枝叶茂密、有一定的枝下高、冠幅较大，且有花、果可赏等条件。如梧桐、银杏、广玉兰等。

3. 行道树。种植在各种道路两侧及分车带树木的总称。行道树能为车辆及行人庇荫，减少路面辐射热及反射光，另外还能降温、防风、滞尘、减弱噪声、装饰并美化街景。如杨树、垂柳、樟树、悬铃木等。

4. 花灌木类。花、叶、果、枝或全株可供观赏的灌木。具有美化和改善环境的作用，是构成园景的主要素材，在城乡绿化和园林植物配植中，常占有重要地位。如梅、玉兰、月季、丁香等。

5. 防护树类。其是为了保持水土、防风固沙、涵养水源、调节气候、减少污染所经营的天然林和人工林。它以防御自然灾害、维护基础设施、保护生产、改善环境和维持生态平衡等功能为主要目的。如松树、杨树、柳树、侧柏等。

6. 木质藤本类。栽植藤本植物可以对墙面和藤架进行垂直绿化。如常春藤、木香、爬山虎等。

7. 绿篱类。凡是由灌木或小乔木以近距离的株行距密植，栽成单行或双行，紧密结合的规则的种植形式，称为绿篱，也叫植篱、生篱。因其可修剪成各种造型并能相互组合，从而提高了观赏效果。此外，绿片还能起到遮盖不良视点、隔离防护、防尘防噪等作用。如黄杨、女贞等。

（二）园林花卉

1. 露地花卉。整个生长周期或主要生长期可以露地栽植的花卉，主要应用于花坛、花境、花丛、花群等。如菊花、一串红、美人蕉等。

2. 盆栽花卉。栽植于花盆等容器中生长发育的花卉，常用于装饰室内和庭院。如兰花、君子兰、仙客来、散尾葵、龟背竹等。

3. 温室花卉。指必须在温室内栽培、越冬养护的花卉。如竹芋、花叶芋、变叶木、一品红、发财树、散尾葵、缀化类仙人球等。

4. 切花花卉。从植物活体上剪下新鲜的花枝，用于观赏的花卉。四大切花：月季、菊花、唐菖蒲、康乃馨。

5. 观叶花卉。叶色艳丽，叶形独特，以观叶为主的植物。如文竹、龟背竹、彩叶草等。

（三）草坪及地被植物

有三叶草、红景天、沿阶草等。

五、依生态因子分类

（一）温度因子

根据温度因子，可分为热带植物、亚热带植物、温带植物、寒带植物、亚寒带植物。

（二）光照因子

根据光照强度可分为阳性植物、阴性（耐阴）植物、中性植物；根据光照时间可分为长日照、短日照、中日照植物。

（三）水分因子

根据水分因子，可分为旱生植物、中生植物、湿生植物、水生植物。

（四）土壤因子

根据土壤因子，可分为酸性土植物、碱性土植物、中性土植物；耐盐植物、喜肥植物。

（五）气体因子

根据气体因子，可分为抗风、抗烟尘、抗烟害和有毒气体、抗粉尘和卫生保健及其他类型植物。

六、依经济用途分类

1. 果树类，如石榴、樱桃、山楂、桃等。
2. 药材类，如牡丹、芍药、杜仲、枸杞、连翘等。
3. 香料类，如玫瑰、茉莉、桂花等。

第二节　园林植物的生长发育

一、园林植物的生长发育规律

无论是木本还是草本园林植物，自生命的开始到生命的终结都称为生命周期或植物的生活周期。每一种植物都要经历几个不同的生长发育阶段：营养生长（生长）、生殖生长（发育）、衰老与死亡。而各个阶段的长短及对环境条件的要求又因植物种类而异。但任何一种植物体生长活动开始后，首先是植物体的地上、地下部分开始旺盛地离心生长，植物体高生长很快。随着年龄的增加和生理上的变化，高生长逐渐减缓，转向开花结实，最后逐渐衰老，直至死亡。研究园林植物的生长发育规律，目的在于根据植物各个生长发育阶段的特点，采取相应的植栽和养护措施，促进或控制植物的生长发育进程，使其更好地满足园林绿化的要求。

生长是指植物通过细胞分裂、分化和扩大，导致体积和重量不可逆的增加（量变）。发育是指植物在细胞、组织、器官分化基础上结构和功能的变化（质变）。二者的关系：生长是发育的基础，生长是永恒的；发育伴随生长，是生长的结果。二者密不可分，均不可逆。

二、园林植物的生长发育过程

园林植物种类很多，寿命差异很大，下面分别就多年生的木本植物和草本植物进行介绍。

（一）木本植物生长发育的过程

木本植物寿命可达几十、几百甚至上千年，其个体生命周期因其起源不同分为两类：一类是由种子开始的个体，另一类是由营养器官繁殖后开始生命活动的个体。由种子开始的个体其生命周期可分为如下几个时期。

1. 种子期（胚胎期）

植物自卵细胞受精形成合子（种子）开始，到种子发芽时为止。此时需加强母树的管理，促进种子的形成，及时采收种子，安全贮藏于适宜的环境条件下，及时播种并使其顺利发芽。胚胎期的长短因植物而异，有些植物种子成熟后，只要有适宜条件就能发芽；有些植物种子成熟后，基于适宜的条件不能立即发芽，而必须经过一段时间的休眠后才能发芽。

2．幼年期

从种子发芽到植株第一次出现花蕾为止。幼年期是植物地上、地下部分进行旺盛离心生长的时期，植株在高度、冠幅、根系长度和根幅等方面生长很快，体内逐渐积累大量的营养物质，为营养生长转向生殖生长打下基础。该期长短因植物种类而异，有的植物仅一年如紫薇、月季，当年播种当年开花；有些植物三五年，如桃三杏四李五年；有些植物长达几十年，如银杏 20 ~ 30 年。总之，生长迅速的植物幼年期短，生长缓慢的植物幼年期长。幼年期对环境适应性最强，遗传性尚未稳定，易受外界环境影响，可塑性较大，是引种栽培、驯化、定向培育的有利时期。此期应注意培养树形，移植、切根，促发大量的须根和水平根，以提高出圃后的定植成活率。庭荫树、行道树等用苗还要注意养干、养根和促冠，保证达到规定的主干高度和一定的冠幅。

3．青年期

从第一次开花到花果性状逐渐稳定为止。此期内植株的离心生长仍然较快，植株逐渐长大、生命力旺盛；但花果尚未充分表现出该种或品种的标准性状，植株年年开花结实，但数量较少。植株的遗传性已渐趋稳定，植物体可塑性大大降低。在栽植养护过程中，应给予良好的环境条件，加强肥水管理，使植株一直保持旺盛的生命力，迅速扩大树冠，增加叶面积，加强树体内营养物质的积累。花灌木应采取合理的整形修剪，调整植株长势，培养骨干枝和丰满优美的树形，为成年期的大量开花打下基础。

4. 成熟期（成年期）

从长势最旺盛、开花结果量最大到自然减慢为止。此时植株各方面已经成熟，花果性状稳定，开花结实数量多，达到生产最高峰，是观赏盛期，经济效益也

最高，对不良环境的抗性较强。遗传保守性很强，不易动摇。这一时期是采种、采花的最佳时期。

为了最大限度地延长成年期，较长时间地发挥观赏效益，应加强灌溉、排水、施肥、松土和整形修剪，使其继续旺盛生长，避免早衰。施肥量应随开花量的增加逐年增加，早期施基肥，分期施追肥，对促进根系生长、增强叶片功能、促进花芽分化是非常有利的。同时切断部分骨干根，进行根系更新，并将病虫枝、老弱枝、下垂枝和交叉枝等疏剪，改善树冠通风透光条件，后期对长势已衰弱的树冠外围枝条进行短剪更新和调节树势。

5. 衰老期（老年期）

植株长势逐年下降，开花结实减少且品质低下，树冠及根系体积逐年缩小，出现向心更新现象，对外界不良环境抵抗力差，易生病虫害。

衰老期的树应经常进行辐射状或环状施肥，因开沟施肥切断较粗的骨干根后能发出较多吸收能力强的侧根。另外，每年应中耕松土 2 ~ 3 次，防止被践踏得过于紧实，疏松的土壤和良好的水肥条件，能维持树木的长势。凡树干木质部已腐烂成洞的要及时进行补洞，必要时用同种幼苗进行桥接或高接，帮助恢复树势。更新能力强的植物应对骨干枝进行重剪，促发侧枝，或用萌蘖枝代替主枝进行更新和复壮。

种子繁殖的植物，其生命周期必然要经过以上每一个时期，幼年阶段未结束时，不能接受成花，即用任何人为的措施都不能使其开花，但这一阶段是可以被缩短的，如通过嫁接可以提早开花结实。开花是树木进入性成熟的最明显特征，但幼年阶段的结束与首次开花可能不一致，成长阶段是生殖生长和营养生长并存。生长是永恒的，发育伴随生长而进行。

营养器官繁殖起源的植物生命周期已过幼年阶段，没有性成熟过程，如有成花诱导条件（环剥、施肥、修剪），随时就可成花，即只有青年期、成熟期和衰老期。一般根茎萌蘖年龄轻，树冠外年龄大，因此，插穗、接穗要在外围提取，年龄较为成熟，但营养繁殖苗生命力较实生苗弱。

（二）草本植物

由种子繁殖的草本植物和木本植物一样，一生的生长发育过程也经历胚胎期、幼苗期、青年期、成熟期和衰老期，只是每个时期都比较短，有些只有几十天或几个月。

各类植物的生长发育阶段之间没有明显的界限，是渐进的过程，各个阶段的长短受植物本身系统发育特性及环境条件的影响。在栽培过程中，通过合理的栽培养护技术，能在一定程度上延缓或加速某一阶段的到来。

第三节　植物的年生长发育规律

植物的年生长周期是指每年随着气候变化，植物的生长发育表现出与外界环境因子相适应的形态和生理变化，并呈现一定的规律性。植物在一年四季之内，以一定的生长程序进行生长和发育。植物体各部分器官生长的先后顺序及生长速度则因植物种类和环境条件而异。春季来临，有的植物先开花后长枝叶，即先发育后生长，如梅花、海棠等；有些植物先长枝叶，然后开花，即先生长后发育，如月季、石榴等。不同生长发育类型的植物，无疑在养护管理上要区别对待。养护管理工作年历的制定是以植物的年生长发育规律为基础的。因此，研究植物的年生长发育规律，可为合理地进行栽培养护管理提供科学的依据。

植物生长发育出现的周期性变化，源于地球上一年之中气候的规律性改变。温带地区一年四季气温变化明显，从春至冬，气温由低变高，再由高转低周年循环。生长在这种气候条件下的植物，其年生长周期与四季同步，即冬季至早春植物落叶休眠，气温高的晚春至秋季植物开始生长和繁殖后代，年复一年如此循环。

一、植物的年生长发育周期

（一）生长期

从春季树液流动开始至秋末落叶为止的时期，称为生长期。生长期的长短与当地气候有关，生长的进程与节奏则与树龄、树势及栽培条件有关。

1. 根系生长期

植物根系的生长受很多因素的影响，但土壤温度是限制根系能否长年进行生长的主要因素。在土壤温度较适宜的条件下，根系能全年生长，没有周期性。但是在温带地区，由于冬季严寒，土壤温度常降低到根系生长要求的最低限度以下，所以植物根系冬季休眠，呈年周期循环。春季气温回升，根系首先恢复生长，生长开始的时期比地上部分要早，而结束生长时期又比地上部分晚。这是由于根系生长时要求的温度比地上部分要低的缘故。根系开始生长的起点温度因植物而异，如梨在土温 0.5℃、苹果在 3 ~ 4℃，桃和杏在 4 ~ 5℃时即能生长。

春季，根系利用植物冬季贮藏的养料进行生长，待新梢生长后又由新梢供给养料。根系在周年生长中，生长速度的快慢与植物的种类、年龄及树体内的营养水平有关。一般来说，地上部分生长迟缓期间，根系生长快；反之，地上部分生长处于高产，根系则生长缓慢。春季地上枝芽未开始生长时，根系生长很快，形成第一个生长高峰，但时间较短。秋季植株新梢生长缓慢，花芽已分化或开花结束，根系出现第二个生长高峰，持续时间较长，直至气温降低时为止，但长势较弱。在这两个生长高峰之间，有的树种还有几个旺盛生长期错落在新梢生长的快慢之间。生长旺盛期的次数因树种、年龄等因素而异。如苹果的根系一年有 3 次生长高峰，葡萄为 2 次，美国山核桃则有 4 ~ 8 次。

根系旺盛生长时要求较高的土温，如山桃为 22℃，仙人掌 35℃。大多数植物则要求在 12 ~ 26℃，超过 30℃或低于 0℃生长缓慢或停止。处于土壤深层的根系，因土温较稳定，终年变化较小，不会降至很低，故冬季仍能生长。

根系生长过程中，经常发生局部自疏和更新，须根寿命一般仅为数年，老根死亡后又发出新的须根，代替老根进行吸收作用。根系生长的好坏，对植株生长影响很大，应为根系生长创造良好的环境，使根系生长强大。

2. 萌芽和开花期

萌芽虽然比根系生长开始得迟，但一般把萌芽作为植物由休眠转向生长的标志，代表新的年生长周期的开始。

萌芽和开花的标志是，叶芽或花芽膨大，芽鳞开裂，长出幼芽或花鳞（花序）。先花后叶植物，花芽先于叶芽开放；先叶后花植物，则是叶芽先萌发；混合芽植物是花、叶芽同时萌发。

萌芽时间的迟早因植物种类、年龄、位置、树体营养状况和环境条件而异。落叶树一般在昼夜平均温度在5℃以上时萌发，如月季在2月下旬萌发。而常绿阔叶树要求在较高的温度下才能发芽，如柑橘类需要在9～10℃及以上。同一种树，幼年树比老年树萌芽早；树体营养状况好的植株比差的植株萌芽早；发育充实的顶芽或顶端腋花芽萌发早；在较长的发育枝上，中部以上较充实的芽萌发早；气温高的年份芽萌发早于正常年份。芽的萌发一般一年一次，有的植物则一年多次。

开花是指从花芽开放直至落花为止。开花期的早晚、花期持续时间，因植物而异又与温度有关。如梅花早于碧桃，结香早于榆叶梅，这是由于梅花开花要求的温度比碧桃低。

开花期的长短也受温度和湿度的影响，如干燥、高温则花期短，湿润、凉爽则花期长。此外，较年幼的树和壮年树的开花整齐度和花期都比老弱树齐和长。

正常开花一次的植物，由于遭受刺激或气候原因，一年可开两次花。但第二次开花量少、质差。园林生产中常利用植物遮阴现象，采用加温、摘叶和涂生长素等方法，促使植物在需要的时候再次开花。

先花后叶植物或花、叶同放植物，开花期内，花朵的大小、色泽、数量等虽与植株年龄、气温有关，但树体内的营养状况也有很重要的影响，故先花后叶类的植物，加强冬季或早春的水肥管理是非常重要的。

3．新梢生长和组织成熟期

萌芽后新梢即开始生长，至顶芽出现为新梢生长期。新梢生长的开始阶段是利用树体内贮存的养料，随着叶片增多、叶面积增大，改由叶片提供养料。叶片形成的大小、数量，主要取决于叶原体的多少与放叶时间，其次为枝条的营养、枝叶类别及叶在枝上所处的位置等。

一年中新梢生长的速度呈波浪形，生长高峰到来的时期、次数、封顶的早晚均随树种、树龄、当年气候条件及管理情况而变。一般开始时新梢生长较缓慢，一定时期后，由于叶片能提供大量的营养，枝条生长加速，随后进入缓慢生长期。有些树种在年周期内只在春季抽一次新梢称为春梢，如核桃；有的能抽几次新梢，既有春梢，又有夏梢或秋梢，如白兰、桂花等。

新梢在生长的同时进行加粗生长，不过在枝条旺盛的加长生长时，加粗生长缓慢。当枝条的长度旺盛生长后，加粗生长加速。故枝条的长度生长与加粗生长也是交错进行的。一般也有2～3个生长高峰，发生在加长生长后面，故加粗生长比加长生长停止迟。枝条生长后期，即转入组织充实阶段。枝条由柔嫩转为木质化，贮藏大量的营养物质供来年春季萌发使用。

在栽培过程中，应控制植物秋梢不要抽得过迟，否则消耗养料多，枝条内积累的营养物质减少，组织不充实，抗寒力低，冬季易受冻害。

4. 花芽分化或花蕾、花序期

新梢生长至一定程度后，树体内积累了大量的营养物质，植物开始进行花芽分化和开花。新梢形成的质量与花芽形成的数量和质量有关，凡新梢生长充实健壮者，花芽量多质好，弱枝花芽很少。

花芽形成期与树种、温度、营养条件有关。春花植物花芽分化期一般在 6 ~ 8 月，如牡丹在 7 ~ 8 月，梅花、碧桃在 6 ~ 7 月，第二年春季开花。先叶后花植物当年进行花芽分化，当年开花，如月季 3 ~ 4 月份花芽分化，5 月开花；桂花 6 ~ 7 月花芽分化，10 月左右开花。大多数植物一年进行一次花芽分化，有些植物在年周期内能多次分化花芽。

先花后叶植物，花芽在夏秋季分化。先叶后花植物，夏秋季是开花盛期，它们对土壤的营养条件要求高，因此，在枝条生长期内，应当注意施肥和灌溉，保证枝条生长粗壮，为花芽分化或开花创造良好的基础。

5. 果实发育与成熟期

从受精后子房开始膨大到果实完全成熟为止。果实发育与成熟期的长短依树种而异，如松柏类球果，头年受精，第二年才发育和成熟，历时一年以上。杨树、柳树、榆树等果实从受精到成熟仅需数十天，在当年春夏季即可采收。果实发育与成熟同温度、湿度有关，低温潮湿推迟成熟。而在秋季和初冬成熟的果实，如一直处于较高的气温条件下，没有必需的低温，也会推迟成熟。

对大多数观花植物来说，一般不希望结果，因为消耗养分太多，影响继续开花。如月季、紫薇、栀子花等，花朵凋谢时应立即摘除，植株可重新抽枝开花，从而达到延长花期的目的。只有当采收种子作为良种材料时，才能让其结实并进行管理，保证种子充实饱满。

（二）休眠期

落叶植物自落叶开始至翌春发芽为止称为休眠期。这是由于冬季气温降低引起的，又称自然休眠期。具有休眠期的植物生长期与休眠期非常明显，周年更替，这是植物在系统发育过程中，对不利的外界条件适应能力的表现。植物各部分器官进入休眠期的迟早不同，一般芽及小枝最早，枝干次之，根茎最迟。解除休眠顺序正好相反，根茎最早，芽最晚。休眠期中，器官生长停止，生理活动处于最低水平。从生长到休眠，植物需经过一系列的变化，完成必需的准备。由初冬进入休眠后，休眠逐渐加深称为深休眠。处于深休眠的植物体内，具有抑制生长的物质，此时期内即使有良好的外界条件也不会解除休眠。它们必须经过一定的低温才能解除，如不经一定的低温直接转入春季较高温时，一般推迟萌发，花器官发育不良。休眠期的长短及完成休眠的条件依树种而异，温带树木通过深休眠的温度为 0℃ ~5℃。

一些原产于温带地区的植物喜欢温凉的环境，对高温不适应，在炎热夏季来临前，即转入休眠，也是一种自然休眠，如水仙花、郁金香、香雪兰、仙客来、吊金钟等；当酷暑过去秋凉来临时，又恢复生长。在园林植物栽培中，可用于调节温度、湿度、光照及生长期处理等方法来延长休眠或打破休眠。

二、物候观测

（一）物候学的概念和应用

物候学主要是研究自然界的植物和动物与环境条件的周期性变化之间相互关系的科学。对植物来说是记录一年中植物的生长发育过程，从而了解气候变化对它的影响。从物候的记录中还可知季节的早晚，所以物候学也就是生物气候学的简称。

植物在生长发育过程中随季节变化按一定的顺序进行生长发育，不能颠倒和重复。植物这种随季节变迁而有规律地更替进行生长活动的现象称为物候。植物在一年中各生长发育阶段开始和结束的具体时期称为生物学气候期，简称物候期。物候期具有周期性和时间性，它受植物内在遗传因素的制约，同时每个物候期到来的迟早和进程快慢，又受环境因子的影响。

了解和掌握当地园林植物的物候期具有以下意义。

（1）可以为合理地指导园林生产提供科学依据。

（2）了解各种植物的开花物候期，可以通过合理配置植物，使植物间的花期相互衔接，做到四季有花，提高园林风景质量和观赏价值。

（3）在迎接重大节日和举办花展时，为选择植物品种作依据。

（4）为科学地制定年工作历、有计划地安排生产活动提供依据。

（5）为确定绿化栽植时期和树种栽植的先后顺序提供依据。

（6）为育种原始材料的选择提供科学依据。

（二）植物物候期观测方法

1. 选定要观测植物的种类后，确定观测地点。观测地点要开阔，环境条件应有代表性，如土壤、地形、植被等要素基本相似，且应多年不变。

2. 木本植物要定株观测。盆栽植物不宜作观测对象，应选用露地栽培者。被选植物必须为生长健壮、发育正常、开花三年以上。每种选 3 ～ 5 株。

草本植物必须在一个地点多选几株，由于草本植物生长发育受小地形、小气候影响较大，观测植株必须选在空旷地，观测植物挂牌标记。

3. 观测应常年进行，可一日或隔日进行观测记录，如物候变化不大时，可减少观测次数。冬季植物停止生长，可停止观测。观测时间以下午为好，因为下午 1 ～ 2 时气温最高，植物物候现象常在高温后出现。早晨开花植物则需上午观测。

4. 木本植物和草本植物发育时期的观测，需记载开花期，包括开花始期、盛期和末期；展叶期包括始期和末期，落叶期包括始期和末期；果熟期包括果实脱落始期、果实脱落末期。

5. 所有观测必须做好现场记录。

（三）乔灌木各物候期的特征

1. 芽膨大开始期。芽鳞开始分离，侧面显示淡色线形或角形。如木槿芽凸起出现白色绒毛时，就是芽膨大期。裸芽不记芽膨大期，如枫杨。玉兰开花后，当年又形成花芽，外部为黄色绒毛，在第二年春天绒毛状外鳞片顶部开裂时，就是玉兰芽膨大期。当松属顶芽鳞片开裂反卷时，出现淡黄褐色的线缝，就是松树芽开始膨大期。

花芽与叶芽应分别记载，如花芽先膨大，即先记花芽膨大日期，后记叶芽膨大日期。如叶芽先膨大，花芽后膨大，也应分别记载。混合芽即记芽膨大开始期。芽膨大期观察较困难，可用放大镜观察。

2. 芽开放期。芽鳞展开，芽的上部出现新鲜颜色的尖端或形成新的苞片。如玉兰在芽膨大后，细毛状外鳞片一层层裂开，在见到花蕾顶端时，就是花芽开放期，也是花蕾出现期。

3. 开始展叶期。芽从芽苞中发出卷曲着的或按叶脉折叠着的小叶，出现第一批有1 ~ 2片平展的叶片时。针叶树是当幼叶从叶鞘中开始出现时。复叶类只要复叶中有1 ~ 2片小叶平展时，就是开始展叶期。

4. 展叶盛期。植株上有半数枝条上小叶完全平展。针叶树是新针叶长度达到针叶一半时为展叶盛期。

5. 花蕾、花序出现期。凡在前一年形成的芽在第二年春季开放后露出花蕾或花序蕾时，为花蕾出现期，如桃、李、玉兰等先花后叶植物。凡在当年形成的芽，出现花蕾或花序蕾雏形时，即是花蕾或花序蕾出现期，如月季、木槿、紫薇等先叶后花植物。

6. 开花始期。在观测的同种植株上，有一半以上的植株上有一朵或几朵花的花瓣开始完全开放均称为开花始期。

7. 开花盛期。在观测的树上有一半以上的花蕾都展开花瓣。

8. 开花末期。观测植株上留有极少数的花。

9. 第二次开花、第三次开花都要记录，如月季，并注明第二次、第三次开花时间，以及与没有二、三次开花植株，在生态环境上有的不同。

10. 果实和种子成熟期。当观测的树上有一半的果实或种子变为成熟的颜色时，称为成熟期。

11. 果实和种子脱落期。

12. 新梢开始生长期。可分为春梢、夏梢和秋梢，即营养芽或顶芽开放期。

13. 新梢停止生长期。营养枝形成顶芽或新梢顶端枯黄不再生长。

14. 叶秋季变色期。秋季叶子开始变色时为变色期。

15. 落叶期。当观测树木秋季开始落叶时，称落叶期。

（四）草本植物物候期特征

1. 萌动期。草本植物地面芽变绿或地下芽出土时为萌动期。

2. 展叶期。植株上开始展开小叶时为展叶始期，植株上有一半的叶子展开时为展叶盛期。

3. 花蕾或花序出现期。当花蕾或花序出现时为花蕾出现期。

4. 开花期。植株上有个别花瓣完全展开时为开花始期；有一半的花瓣完全展开时为开花盛期；花瓣快要完全凋谢，植株上只留有极少数的花时为开花末期。

5. 果实或种子成熟期。植株上的果实或种子开始变成成熟初期的颜色时为开始成熟期；有一半成熟时为全熟期。

6. 果实脱落期。果实开始脱落时为果实脱落期。

7. 种子散布期。种子开始散布时为种子散布期。

8. 第二次开花期。草本植物在春夏开花后，秋季第二次开花。

9. 黄枯期。以植株下部基生叶为准，基生叶开始黄枯时在同一地区对同一植物多年观测后，就可得出观测植物的各物候期的日期。同一植物在不同的地区物候期是不同的。

植物的物候期能随着高度的改变而变化，一般海拔每升高 100 米，如紫丁香的发芽期推迟 4 天，开花期就推迟 4.3 天。在同一地区，同一植物的物候也随气温上下变动。因此，观测的年代越长，物候的平均日期就越具有代表性。

第三章　园林树木种子的生产与管理

园林植物的继代繁殖，主要依靠种子。由于包含了木本和草本两类植物，园林植物的种子生产范围广泛，品种庞杂。本章以木本植物为主，兼顾草本介绍种子，着重介绍良种的形成和发育规律、种子采摘原则、种子调制方法，力求做到良种壮苗，有目的、有计划地连续生产。

第一节　园林树木的结实规律

一、园林树木结实的概念

园林树木结实，是指树木孕育种子或果实的过程。园林树木种类繁多，既包括被子植物，又包括裸子植物，各个种类的结实特点有很大区别。如不同种类的园林树木，其首次开花结实的年龄、种实的发育过程以及种实的成熟时期和成熟特征等均存在较大差异。有些阔叶树种当年开花授粉，当年发育形成结实，而有些针叶树需要 3 ~ 4 年才能完成种实发育过程。

二、种实的形成

树木开花是结实的前提，花芽分化是开花的基础。进入结实年龄的树木，每年形成的顶端分生组织，开始时不分叶芽和花芽，到一定的时期，它的芽才分化成叶芽和花芽，这个过程称为花芽分化。多数树木的花芽分化期在开花的前一年夏季至秋季之间。

真正的种子是一个成熟的胚珠，它包括三个重要部分，即胚、胚乳和种皮。而果实则包括种子和果皮。胚是植物的雏形，是种子的核心，它由胚根、胚轴（胚茎）、胚芽和子叶四部分组成。种子萌发时，胚根形成根系，胚芽形成茎叶，子叶为胚的生长提供营养。胚乳是贮藏营养物质的重要器官，种皮主要起保护作用。

三、结实年龄与结实周期性

（一）结实年龄

园林树木最初的生长发育过程主要是营养物质积累，树木枝干和树冠不断扩大，直至生长发育到一定的年龄且营养物质积累到一定程度后，树木顶端分生组织才开始分化并形成花原基和花芽，逐渐具有繁殖能力，开始开花结实。这种树木生长发育到一定阶段首次开花结实的年龄，就是结实年龄。不同树种结实的年龄有很大差异，出现差异的原因首先取决于树种的遗传特性，其次与环境条件有密切的关系。如紫薇 1 年生即可结实，梅花 3 ~ 4 年生可开花结实，落叶松 10 年左右开花结实，而银杏则要到 20 年生后才开始开花结实。

（二）结实周期性

园林树木开始结实后，各年的结实数量相差较大。有的年份结实数量多，可称为“丰年”。结实丰年之后，常出现长短不一的、结实数量很少的“歉年”。歉年之后，又会出现丰年。各年结实数量的这种丰年和歉年交替出现的现象，称为结实周期性，或称结实大小年现象。树木从一个结实丰年到相邻的下一个结实丰年之间相隔的年限称为结实间隔期。

四、影响结实间隔期的因素

（一）树种本身的生物学特性

多数灌木树种以及杨、柳、榆、桉等喜光树种，它们的幼年期较短，生长迅速，营养物质积累能力强；开花后种实的成熟期较短，种粒体积较小，消耗营养物质少，几乎年年能大量结实，这类树种的结实间隔期很短或没有明显的结实周期性现象。杉木、刺槐、泡桐和桦树等树种，各年种实产量相对稳定，丰年出现的频率比歉年多。樟子松和油松等多数温带树种，各年的种实产量不稳定，结实周期性变化特征较明显，但完全无收成的年份并不多。另一些高寒地带的针叶树种如云杉和落叶松等，从开花到种实成熟需要的时间较长，种实产量极不稳定，完全无收成的年份出现得相当频繁，结实周期性特别明显，结实间隔期达 3 ~ 5 年。

（二）环境条件

环境常常是制约结实周期性变化特征的重要原因。在大范围内，树木结实周期性受光照、温度和降水量等气候条件制约，在各个年份又受具体的天气条件影响。在花芽分化、开花直至种实成熟的整个过程中，霜冻、寒害、大风、冰雹等灾害性天气常使种实歉收。此外，病虫危害也对结实周期性变化有重要影响。

（三）人为经营活动

掠夺式的采种，不加控制地折断过多的母树枝条，致使母树元气大伤，往往需要很长时间才能使母树恢复正常的结实，延长了树木结实间隔期。

缩短及消除结实间隔期的措施：灌溉、施肥、防治病虫害、疏花疏果等，可改善树木生长发育的环境条件，促进树木结实，大大缩短或消除结实的间隔期。

五、影响园林树木开花结实的因素

园林树木的生长发育、营养条件、开花传粉习性、气候条件、树木所处的土壤条件以及昆虫、鸟兽等生物因素均影响树木的开花结实。

（一）树木的生长与发育

树体内营养物质的积累是开花结实的物质基础。各种营养物质、内源生长促进物质和抑制物质之间的平衡，在树木的开花结实中起重要作用。如含糖量与含氮化合物之间要达到一定的比例才能开花。一般情况下，高水平的碳水化合物和低水平的氮素比率，有利于花的孕育。当C/N比值大时，开花早；C/N比值小时，则开花迟。此外，C/N比率的变化，还影响花的性别。C/N中等时，利于雄花的形成；C/N比率较高时，则利于形成雌花。

（二）树木的开花与传粉习性

树木的开花时间与结实量有密切的关系。有些雌雄异株或异花的树种，若雄株或雄花多，雌株或雌花的比例小，甚至没有雌株或雌花的情况下，结实会受到严重影响，甚至没有种实收成。

有些树种雌雄异熟现象明显，雌花先熟或雄花先熟，造成雌花和雄花的花期不相遇，导致授粉受精不良，影响种实产量。

自花授粉频率很高的树种，饱满种子的比例往往很低，且种子质量差，子代苗木死亡率高，植株矮小或多畸形。

同一株树上，常因花的着生部位不同而导致授粉情况存在差异，进而引起结实差别。

（三）气候条件

温度、光照、湿度及风等气候和天气因子是影响树木结实的主要环境因素。许多树木需在一定的积温条件下才能开花结实。通常活动积温越高，树木营养物质积累越多，开花结实越早，且结实的间隔期越短。在花芽的分化期，若气温高于历年平均水平，则母树枝叶的细胞液浓度高，蛋白质合成作用旺盛，有利于花芽的形成。有的树种需要经过一段低温期，才能打破花芽的休眠，若将这些树种移至自然分布区的南端，可能会因为低温条件不够，使结实减少。此外，极端温度的变化常造成种实减产。如晚霜易冻坏子房和花粉，导致种实减产。若开花期的气温过低，可使花粉管的延长受阻而迟迟不能完成授粉作用，或致使花被冻死，造成种实歉收。极端高温也可能伤害花朵，或使果实不能正常发育，引起落花落果。

（四）土壤条件

树木开花及种实发育过程与水分和营养元素供应也有直接关系。在种子的成分中，除碳和氧元素外，氢、氮、磷、钾、钙、镁、硫以及其他各种微量元素主要通过根系从土壤中获取。因此，良好的土壤结构将有利于根系的生长发育，土壤中水分和可溶性养分充足，则根系能吸收大量水分和养分，利于树木体内各种物质的合成和营养物质的积累，给花芽的形成、开花以及种实的发育提供充分的营养物质，将有利于提高种实产量，且能缩短结实间隔期。开花授粉后，若在子房开始膨大期土壤水分缺乏，极易引起落花落果。值得注意的是，土壤中氮、磷和钾的供应比例状况常常与树木结实的早晚和结实量高低有关。土壤中氮营养元素供应相对多时，树木营养生长旺盛，过于旺盛的营养生长会推迟树木开始结实的年龄，已结实的树木也会由于营养枝徒长而减少种实产量。而适当提高磷和钾元素的供应比例，则有利于提早结实，且能提高种实产量。当土壤贫瘠，树木处于胁迫环境状态时，虽然开花期较早，甚至结实量很多，但种实质量低劣。

（五）生物因素

对于虫媒树种而言，昆虫有助于传粉，对开花结实有积极的作用。但是，病菌、昆虫、鸟、鼠及兽类等生物因素也常对树木的开花结实产生危害作用。如稠李痂锈病危害云杉果实，豆科树木易遭受象鼻虫危害，鸟类喜欢啄食樟树、檫树及黄连木等多汁的果实，鼠类对松树和栎树等种子的取食，野猪和熊等盗食果实等常造成种实减产。有些病虫害虽然不会直接危害种实，但由于昆虫食叶或病害引起落叶，影响了树木的光合作用，从而间接影响树木的结实。

第二节　园林树木的种实采集与调制

园林绿化的优良种实应该从种子园和母树林中采集，或必要时从选择的优良目标母树采集。我国颁布的种子法规定，主要林木商品种子生产实行许可制度。省级以上人民政府农业、林业行政主管部门可以设立林木良种审定委员会，负责林木良种的审定工作。审定委员会由种子科研、教学、生产、经营和管理等方面的专家及代表组成。审定委员会遵照科学、公正的原则审定良种。对尚不完全具备林木良种审定条件的母树林、种子园、采穗（条、根）圃等生产的林木种子，需要作为林木良种使用的，需经省级以上林业行政主管部门的林木种子管理机构审核，报同级林木良种审定委员会认定。因此，为了获得品质优良的种实，应尽可能从种实基地采集，且应征得有关部门的认可。在具体的种实采集过程中，必须能够识别种实的形态特征，了解种子成熟和脱落的规律，掌握采集种实的时期，并依据种实类别和特性采取针对性的调制方法，才能够获得适于播种或贮藏的优良种实。

一、种实采集

（一）种实的类别

前文已经指出，植物学意义上的种子是指经过受精而发育成熟的胚珠，或者是由胚珠发育而成的繁殖器官。种子由外种皮、内种皮、胚乳及胚构成。种子形状多种多样，具有不同的颜色和斑纹，重量相差悬殊。

有些树种的果实成熟后不开裂，无须进行处理就可用来直接播种，习惯上把这些果实也称为种子，园林树木种实实际上是种子与果实的混称。由于种实构造特性的差异，果实成熟时呈现许多不同的特征。大体上可将果实类型归纳为干果类、肉质果类和球果类。

1．干果类

这类果实的突出特征是果实成熟后果皮干燥。其中，有些果实类型，如杧果、荚果和蓇葖果等，成熟时果皮开裂，散出种子；另一些种实类型，如坚果、颖果、瘦果、翅果和聚合果等，种子成熟后果实不开裂，种子不散出。

蒴果：由两个或两个以上心皮组成，成熟时果实瓣裂或盖裂，种子散出，如杨、柳、丁香、连翘、卫矛、黄杨、紫薇、锦带花、栾树、泡桐等。

荚果：由一个心皮发育而成，果实成熟时沿背缝线和腹缝线两个缝线开裂，如刺槐、皂荚、合欢、紫藤、相思树、锦鸡儿及紫穗槐等。

蓇葖果：由一个心皮或离生心皮发育而成，成熟时沿腹缝线或背缝线一边开裂，如梧桐、白玉兰、绣线菊、珍珠梅等。

坚果：成熟时果皮木质化或革质化，通常一果含一粒种子，如板栗、栓皮栎等。

颖果：果实含种子一枚，种皮与子房壁愈合，如毛竹等。

瘦果：果实生在坛状花托内，或生在扁平而凸起的花托上，如蔷薇、月季等。

翅果：果皮长成翅状，形成具有翅的果实，如榆、白蜡、水曲柳、槭等。

聚合果：由多枚心皮集生于一个花托上形成，如马褂木。

2．肉质果类

果实成熟后，果皮肉质化。可依据具体特征分为浆果、核果和梨果。

浆果：果皮肉质或浆质并充满汁液，果实内含一枚或多枚种子，如猕猴桃、葡萄、接骨木、金银花、金银木、女贞、爬墙虎、黄波罗等。

核果：果皮可分三层，通常外果皮呈皮状，中果皮肉质化，内果皮由石细胞组成，质地硬，包在种子外面，如榆叶梅、山桃、山杏、毛樱桃、山茱萸等。

梨果：属于假果，其果肉是由花托和果皮共同发育形成的。通常情况，花托膨大与外果皮和中果皮合成肉质，内果皮膜质或纸质状构成果心，如海棠花、花椒、山楂、山荆子等。

3．球果类

裸子植物的雌球花受精后发育形成的种子着生在种鳞腹面，聚成球果，如落叶松、樟子松、云杉、柳杉、柏树。另一些裸子植物的坚果状种子，着生在肉质种皮或假种皮内，如红豆杉、罗汉松等。

（二）种子的成熟

种子的成熟过程是胚和胚乳不断发育的过程。在这个过程中，受精卵细胞发育形成具有胚根、胚轴、胚芽和子叶等器官的完整种胚。同时，胚乳的发育不断积累和贮藏各种养分，为种胚生长和未来的种子发芽准备必需的营养物质。从种子发育的内部生理和外部形态特征来看，种子的成熟包括生理成熟和形态成熟。

1．生理成熟

种子发育初期，子房体积增长速度快，虽然营养物质不断增加，但水分含量高，内部充满液体。当种子发育到一定程度，体积不再有明显的增加，营养物质积累日益增多，水分含量逐渐变少，整个种子内部发生一系列的生理生化变化过程。从外观上看，种子内部由透明状液体变成乳胶状态，并逐渐浓缩向固体状态过渡，同时，种胚不断成长，子叶和胚乳等逐渐硬化。当种胚发育完全，种实具有发芽能力时，可认为此时种子已成熟，并称此为种子的生理成熟。达到生理成熟的种子，虽然积累和贮藏了一定的营养物质，但仍具有较高的含水量，营养物质仍处于易溶状态。此时，种子不饱满，种皮还不够致密，尚未完全具备发挥保护功能的特性，因此还不宜保存。

2．形态成熟

当种胚的发育过程完成，种子内部的营养物质转为难溶状态，含水量降低，种子本身的重量不再增加，呼吸作用变得微弱。且种皮变得致密坚实，具备保护胚的特性时，特别是从外观上看，种粒饱满坚硬而且呈现特有的色泽和气味时，可称为种子的形态成熟。

种子成熟应该包括形态上的成熟和生理上的成熟两个方面，只具备其中一个方面的条件时，则不能称为真正成熟的种子。完全成熟的种子应该具备以下几方面的特点，即各种有机物质和矿物质从根、茎和叶向种子的输送已经停止，种子所含的干物质不再增加；种子含水量降低；种皮坚韧致密，并呈现特有的色泽，对不良环境的抗性增强；种子具有较高的活力和发芽率，发育的幼苗具有较强的生活力。

（三）种子成熟的鉴别

鉴别种子成熟程度是确定种实采集时期的基础。依据种子成熟度适时采收种实，获得的种实质量高，有利于种实贮藏、种子发芽及其幼苗生长。绝大多数树种的种子成熟时，其种实形态、色泽和气味等常常呈现明显的特征。

一般情况，未成熟的园林树木种实多为淡绿色，成熟过程中逐渐发生变化。其中球果类多变成黄褐色或黄绿色。干果类成熟后则多转变成棕色、褐色或灰褐色。榆、白榆、白蜡和马褂木等树木的种实，成熟时由绿色变成棕色或灰黄色。肉质种实颜色变化较大，如黄波罗种实变成黑色，红瑞木种实变成白色，小和山荣黄种实变成红色，而银杏种实则变成黄色或橘黄色。

种子成熟过程中，果皮也有明显的变化。肉质果类在成熟时果皮含水量增高，果皮变软，肉质化。干果类及球果类在成熟时果皮水分蒸发，发生木质化，变得致密坚硬。种皮的色泽变化很大，且与种子成熟度有密切关系。多数情况下，成熟种子的种皮色深且具有较明显的光泽，未成熟种子则色浅而缺少光泽。

当种子成熟时，多数树种的果实酸味减少，涩味消失，果实变甜。

（四）种实脱落特性

种实成熟后，其脱落方式和脱落期因树种而异。

1．种实脱落方式

针叶树球果类种实的脱落方式为：种子成熟后整个球果脱落，如红松；或球果成熟后，果鳞开裂，种子脱落，如云杉、落叶松和樟子松等；或是球果果鳞与种子一起脱落，如雪松、冷杉和金钱松。

阔叶树种实的脱落方式为：肉质果类和坚果类，整个果实脱落；蒴果和硬果类等多数种果实，果皮开裂后，种子脱落或飞散。

2．种实脱落期

有些种实成熟后悬挂在树上，较长时间不脱落，如侧柏、悬铃木、刺槐、紫穗槐、臭椿、水曲柳、白蜡、女贞、槭树等。有些种实成熟期与脱落期相近，如云杉、冷杉、油松和落叶松等。有些成熟后立即脱落或随风飞散，如栎、红松、七叶树、杨树、泡桐、榆树和桦木等。

（五）确定适宜的种实采集期

种实的适时采收是种实采集工作中极为重要的环节。适宜的种实采集期应该依据种实成熟期、脱落方式、脱落时期、天气情况和土壤等其他环境因素确定。采集种实之前，必须先调查和估计种实的成熟期，了解种实的脱落方式，预计脱落时期的早晚。

多数树种的种实采集期在秋季，如银杏、木兰、油茶、杉木等。杨、榆、桑、台湾相思等树种的种实在夏季采集。有些树种的种实在冬季采集，如女贞和松柏等。

成熟后较长时间种实不脱落的树种，可有充分的种实采集时间，但仍应当在形态成熟后及时采集，否则种实长时间挂在树上，易受虫害和鸟类啄食，导致减产和种子质量下降。对于成熟期与脱落期相近的树种，应该特别注意及时观察，及时采集。对于深休眠的种子，如山楂和椴树，在生理成熟后形态成熟之前进行采集，并立即播种或层积催芽，可缩短其休眠期，提高发芽率。

一般在少雨的年份，种实成熟期常提早，但空粒多。在多雨的年份，尤其在种子成熟前，阴雨天气多，会使种实成熟期推迟。天气晴朗，高温天气，种实容易成熟，也容易脱落。生长在土壤肥沃的母树，结实性好，籽实饱满，种子品质好，且种实的成熟期较晚。

（六）选择采集种实的母树

园林树木种实首先应考虑在种子园和母树林等良种繁育基地采集。此外，可在树种的适生分布区域内，选择稳定结实的壮龄植株作为采集种实的母树。通常情况下，在相同的采集区，不同植株在生长状况、分枝习性、结实能力、种实的品质等方面具有明显差异。选择综合形状好的植株采集种实，可获得遗传品质优良的种实。一般来说，采集种实的母树，应具有培育目标所要求典型特征，且发育健壮，无机械损伤，未感染病虫害。具体的选择性状，可依据各树种的培育目标而定。如培育目标为行道树，母树应具有主干通直、树冠整齐匀称等特点。花灌木则应冠形饱满，叶、花、果等应具有典型的观赏特征。母树的年龄以壮龄最好，壮龄母树种实产量稳定、产量高、种实品质好。主要树种适宜采集种实的母树年龄（表 3-1）。

表 3-1　主要树种适宜采集种实的母树年龄

树种	适宜采集年龄	树种	适宜采集年龄
红松 *Pinus koraiensis*	60 ~ 100	杉木 *Cunninghamia lanceolata*	15 ~ 40
落叶松 *Larix*	20 ~ 80	水杉 *Metasequoia glytostroboides*	40 ~ 60
冷杉 *Abies fabri*	80 ~ 100	柳杉 *Crytomeria fortunei*	15 ~ 40
云杉 *Picea*	60 ~ 100	马尾松 *Pinus massoniana*	15 ~ 40
侧柏 *Platycladus orientalis*	20 ~ 60	福建柏 *Fokienia hodginsii*	15 ~ 40
银杏 *Ginkgo biloba*	40 ~ 100	竹柏 *Podocarpus nagi*	20 ~ 30
华山松 *Pinus armandi*	30 ~ 60	麻栎 *Quercus acutissima*	30 ~ 60
油松 *Pinus tabulaeformis*	20 ~ 50	樟树 *Cinnamomum camphora*	20 ~ 50
樟子松 *Pinus sylvestris*	30 ~ 80	檫树 *Sassafras tzumus*	10 ~ 30
黄山松 *Pinus taiwanensis*	30 ~ 60	榉树 *Zelkova schneideriana*	20 ~ 80
紫椴 *Tilia amurensis*	80 ~ 100	楸树 *Catalpa bungei*	15 ~ 30
水曲柳 *Fraxinusmandshurica*	20 ~ 60	皂角 *Gleditsia sinensis*	30 ~ 100
杨树 *Populus*	10 ~ 25	杨台湾相思 *Acacia confusa*	15 ~ 60
白榆 *Ulmus pumila*	15 ~ 30	喜树 *Camptotheca acuminata*	15 ~ 25
香樟 *Toona sinensis*	15 ~ 30	木麻黄 *Casuarina*	10 ~ 12
刺槐 *Robinia pseudoacacia*	10 ~ 25	木荷 *Schima superba*	25 ~ 40
枫杨 *Pterocarya stenoptera*	10 ~ 20	乌桕 *Sapium sebiferum*	10 ~ 50
臭椿 *Ailanthus altissima*	20 ~ 30	桉树 *Eucalyptus*	10 ~ 30
桑树 *Morus alba*	10 ~ 40	黄连木 *Pistacia chinensis*	20 ~ 40
色木槭 *Acer mono*	25 ~ 40	银桦 *Grevillea robusta*	15 ~ 20

（七）种实采集方法

1．树上采集

可借助采种工具直接采摘或击落后收集，交通方便且有条件时，也可进行机械化采集。对于小粒的或脱落后容易随风飞散的树种，适于树上采集。多数针叶树种，在生产上也常用树上采集方法。进行树上采集时，比较矮小的母树，可直接利用高枝剪、采种耙、采种镰等各种工具采摘。通过振动敲击容易脱落种子的树种，可敲打果枝，使种实脱落，收集种实。高大的母树，可利用采种软梯、绳套、踏棒等上树采种实；也可用采种网，把网挂在树冠下部，将种实摇落在采种网中。在地势平坦的种子园或母树林，可采用装在汽车上能够自动升降的折叠梯进行采集种实。针叶树的球果可用振动式采种器采收球果。（采种工具详见图 3-1）

2．地面收集

种实粒大的树种，如栎和核桃等，可在种实脱落前，清理地面杂草等，待种实脱落后，立即收集。

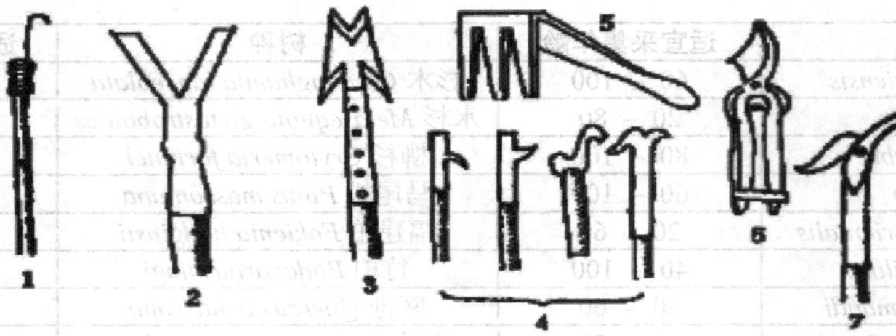

图 3–1 采种工具

注：1. 采钟钩；2. 采钟叉；3. 采钟刀；4. 采钟钩镰；5. 球果梳；6. 剪枝剪；7. 高枝剪。

二、种实调制

种实调制是指种实采集后，为了获得纯净而优质的种实并使其达到适于贮藏或播种的程度所进行的一系列处理措施。

（一）球果类种实的调制

针叶树的球果类种实，种子包藏在球果的种鳞内，种实调制中首先要进行干燥，使球果的鳞片失水后反曲开裂，种子才能脱出。球果干燥分自然干燥和人工干燥脱粒两种方法。

1. 自然干燥脱粒

自然干燥调制以日晒为主。选择向阳、通风、干燥的地方，将球果摊放在场院晾晒，或设架铺席、铺油布晾晒。在干燥过程中，经常翻动。夜间和雨天要将球果堆积起来，覆盖好，以免雨露淋湿，使晾晒时间延长。通常经过 10 天左右，球果可开裂。球果的鳞片开裂后，大部分种子可自然脱出。未脱净的球果继续摊晒，或用木棒轻轻敲打，使种子全部脱出。然后用筛选、风选或水选，除翅去杂，取得纯净种子。需要指出的是，有的球果（如落叶松）敲打后更难开裂，所以，忌用棍棒敲打。

有些针叶树种（如马尾松）的球果，含松脂较多，不易开裂，可先在阴湿处堆区，用 40℃左右温水或草木灰水淋洗，盖上稻草或其他覆盖物，使其发热，经两周左右待球果变成褐色并有部分鳞片开裂时，再摊晒一周左右，可使鳞片开裂，脱粒出种子。

自然干燥法的优点是作业安全，调制的种子质量高，不会因温度过高而降低种子的品质。因此，适用于处理大多数针叶树的球果，如落叶松、云杉、侧柏、水杉、柳杉、杉木和侧柏。缺点是常受天气变化影响，干燥速度缓慢。

2. 人工干燥脱粒

在球果干燥室，人工控制温度和通风条件，促进球果干燥，使种子脱出。也可使用球果脱粒机，脱粒种子。另外，可采用减少大气压力、提高温度的减压干燥法或真空干燥法脱粒种子。使用球果真空干燥机进行脱粒，不会因高温而使种子受害，特别是能够大大缩短干燥时间，提高种实调制的工作效率。

3．去翅

为了便于贮藏和播种，对于云杉、冷杉、落叶松、油松等带翅的种实，完成脱粒工序后，要通过手工揉搓或用去翅机，除去种翅。

（二）干果类种实调制

干果类种实调制工序主要是使果实干燥，清除果皮和果翅、各种碎屑、泥土和夹杂物，取得纯净的种实，然后晾晒，使种实达到贮藏所要求的干燥程度。调制时要注意，含水量高的种实若放置时间长，种实堆容易发热致使种子受害，因此，必须及时进行调制，且不宜暴晒，而是适宜阴干，或直接混沙埋藏。含水量低的种实，一般可在阳光下直接晒干。

（三）肉质果类种实调制

肉质果类包括浆果、核果、仁果、聚合果以及包在假种皮中的球果等，如核桃、山楂、海棠、桑树、山丁子、圆柏、银杏等树种的种实。

肉质果的果肉含有较多果胶和糖类，水分含量也高，容易发酵腐烂。所以，采集种实后要及时调制，取出种子。否则，出现发酵腐烂现象会降低种子品质。调制的工序主要为软化果肉、揉碎果肉，用水淘洗出种子，然后进行干燥和净种。一般情况，从肉质果实中取出的种子含水率高，不宜在阳光下暴晒。应在通风良好的地方摊放阴干，达到安全含水量时进行贮藏。

（四）净种和种粒分级

净种是指清除种实中的鳞片、果屑、枝叶、空粒、碎片、土块、异类种子等夹杂物的种实调制工序。通过净种可提高种子净度。根据种实大小和夹杂物大小及比重的不同，可选用筛选、风选和水选等方法净种。筛选时，先用大孔筛筛除大的夹杂物，再用小孔筛筛除小杂物和细土，最后留下纯净的种子。风选时，主要应用风车和扬机等，将饱满种子和夹杂物分开。水选时，利用种粒和夹杂物比重的差别，将待处理的种实放置筛中，并浸入慢流的水中，使夹杂物、空腐粒和受病虫害的种粒上浮而除去，将下沉的饱满种子取出阴干。

种粒分级是将某一树种的一批种子按种粒大小进行分类。种粒大小在一定程度上反映了种子品质的优劣。通常大粒种子活力高，发芽率高，幼苗生长好。因此，种粒分级非常重要。分级时可利用筛孔大小不同的筛子进行筛选分级，也可利用风力进行风选分级，还可借助种子分级器进行种粒分级。种子分级器的设计原理是，种粒通过分级器时，比重小的被气流吹向上层，比重大的留在底层，受震动后，分流出不同比重的种子。

第三节　园林树木种子贮藏与运输

一、种子贮藏原理

具有活力的种子，时刻都在进行着不同强度的呼吸作用。种子呼吸作用与种子贮藏具有密切关系。因此，认识种子呼吸作用的特点及影响呼吸的因素，是合理地调控呼吸作用和有效地进行种子贮藏工作的基础。

（一）种子的呼吸

呼吸作用是活有机体特有的生命活动。种子的呼吸是指种子内活组织在酶和氧的参与下将本身的贮藏物质氧化分解，放出二氧化碳和水，同时释放能量的过程。

（二）影响种子呼吸的因素

1．种子本身状况

种子的呼吸强度因种子本身状况不同而有很大差别。未充分成熟、损伤和冻伤的种子，可溶性物质多，酶的活性高，呼吸强度大。另外，种粒和种胚的大小与呼吸强度也有密切的关系，小粒种子接触氧气面较大，大胚种子由于其胚部活细胞占的比例大，均有较高的呼吸强度。由此可见，种实贮藏之前，认真做好种实调制的各个工序非常有必要，特别要注意剔除杂物、破碎颗粒，尽量避免损伤种子，并合理地进行种子分级，以提高种子贮藏稳定性。

2．种子含水量

种子中游离水和结合水的重量占种子重量的百分率称为种子含水量。一般将游离水出现时的种子含水量称为临界含水量。临界水分与种子贮藏的安全水分有密切关系。种子安全含水量（标准含水量）是指保持种子活力而能安全贮藏的含水量。大多数树种的种子的安全含水量大致相当于充分气干时种子的含水量。贮藏种子过程中，种子与外界不断交换水汽，经过一定时期，释放的水汽与吸入的水汽达到一个动态平衡，此时，种子的含水量称为平衡含水量。

种子含水量高，特别是游离水分的增多，是种子新陈代谢强度急剧增加的决定因素。种子内游离水分多，酶容易活化，难溶性物质转化为可溶性的简单的呼吸底物，易加快贮藏物质的水解作用，使呼吸作用增强。

3．空气相对湿度

种子是一种多孔毛细管胶质体，有很强的吸附能力。特别是干燥的种子，具有强烈的吸湿性，故种子含水量随空气相对湿度而变化。在相对湿度大的条件下，种子含水量会明显增加，使种子呼吸作用加强。在空气较干燥、相对湿度较低时，种子可释放水汽，减小水分对呼吸作用的影响。

4. 温度

在一定的温度范围内，种子的呼吸作用随温度升高而加强。温度高时种子的细胞液浓度降低，原生质黏滞性降低，酶的活性增加，促进种子代谢，呼吸作用旺盛。尤其在种子含水量同时较高的情况下，呼吸强度随温度升高而发生更加显著的变化。但是，温度过高时，如大于55℃，蛋白质变性，与蛋白质有关的膜系统、酶和原生质遭受损害，呼吸强度急剧下降，种子生理活动减慢或消失（图3—2）。

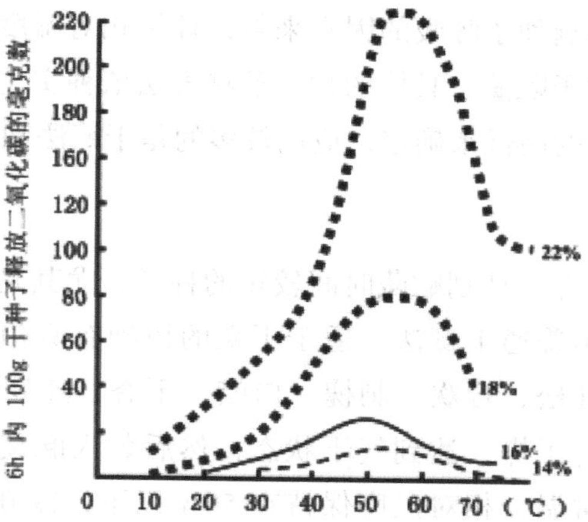

图3–2　温度对不同含水量种子呼吸强度的影响

5. 通气状况

贮藏种子时，通气状况与种子的呼吸强度和呼吸方式有密切的联系。在空气流通的条件下，种子的呼吸强度较大；若贮藏于密闭条件下，则种子的呼吸强度较小。综合考虑温度、水分和通气状况时，水分和温度越高，则通气对呼吸强度的影响越大。

6. 生物因子

种子贮藏中，种子堆中微生物和昆虫的活动会释放出大量的热能和水汽，达到一定程度则间接导致种子呼吸作用增强。同时，由于微生物和昆虫的活动消耗氧气，释放出大量的二氧化碳，使局部区域氧气供应相对减少，会间接地影响种子的呼吸作用方式。

二、种子寿命

种子从完全成熟到丧失生命为止，所经历的时间称为种子寿命。从种子活力的生理学基础分析可认识到，种子寿命是由遗传基因决定的，与种皮结构、含水量和种子养分种类有很大关系，同时，种实采集、调制和贮藏条件等对种子寿命的长短影响极大。因此，种子的寿命又是相对的。掌握影响种子寿命长短的关键性因素，创造和控制适宜的环境条件，控制种子自身状态，使种子的新陈代谢作用处于最微弱的程度，可延长种子寿命。反之，将会使种子劣变加速，缩短种子寿命。

园林树木的种子寿命，通常是指在一定环境条件下，种子维持其生活力的期限。一般指整批种子生活力显著下降，发芽率降至原来的50%时的期限，而不是以单个种子至死亡所经历的期限计算。

三、常用的种子贮藏方法

从种子呼吸特性及影响种子呼吸的因素来看，环境相对湿度小、低氧、低温、二氧化碳及黑暗无光有利于种子贮藏。具体的种子贮藏方法依种实类型和贮藏目的而定，最主要依据种子安全含水量的高低来确定，应用较多的是干藏法和湿藏法。

（一）干藏法

种子本身含水量相对低、计划贮藏时间较短的种子，尤其是秋季采收准备来年春季进行播种的种子，可采用普通干藏法。适于干藏的树种有侧柏、杉木、柳杉、水杉、云杉、油松、白皮松、红松、合欢、刺槐、白蜡、丁香、连翘、紫荆、木槿、山梅花等。方法是先将种子进行干燥，达到气干状态，然后装入麻袋、布袋、缸、瓦罐、木桶或其他容器内，置于常温，相对湿度保持在50%以下，或0 ~ 5℃低温、相对湿度50% ~ 60%，且通风的种子库贮藏。贮藏时注意容器内要稍留空隙；严密防鼠、防虫，注意及时观察，防止潮湿。

计划贮藏时间1年以上时，为了控制种子呼吸作用，减少种子体内贮藏养分的消耗，保持种子较高的活力，可进行密封干藏。如柳、桉、榆等种子，将种子装入容器内，然后将盛种容器密闭，置于5℃低温条件下保存。密封干藏时，使用的容器不宜太大，以便于搬运和堆放。容器可用瓦罐、铁皮罐和玻璃瓶等，也可用塑料容器。种子不要装得太满。密闭容器中充入氮和二氧化碳等气体，利于降低氧气的浓度，适当地抑制种子的呼吸作用。另外，容器内要放入适量的木炭、硅胶和氯化钙等吸湿剂。

（二）湿藏法

所谓湿藏法，即把种子置于一定湿度的低温（0 ~ 10℃）条件下进行贮藏。这种方法适用于安全含水量（标准含水量）高的种子，如栎类、银杏、樟、忍冬、黄杨、紫杉、梭树、女贞、海棠、木瓜、山楂、火棘、玉兰、马褂木、大叶黄杨等。贮藏种子时可采用挖坑埋藏、室内堆藏和室外堆藏等方法。

室外挖坑埋藏，最好选择地势较高、背风向阳的地方，通常坑的深和宽为0.8 ~ 1m，坑长视种子多少而定。坑底先垫10cm厚的湿沙，然后将种子与湿沙按容积1 ：3混合后放入坑内，坑的最上层铺 20cm 厚的湿沙。贮藏坑内隔一段距离插一通气筒或作物秸秆或枝条，以利通气。地表之上堆成小丘状，以利排水。珍贵或量少的种子，可将种子和沙子混合或层积，置入木箱内，然后将木箱埋藏在坑中，效果良好。（见图 3-3）

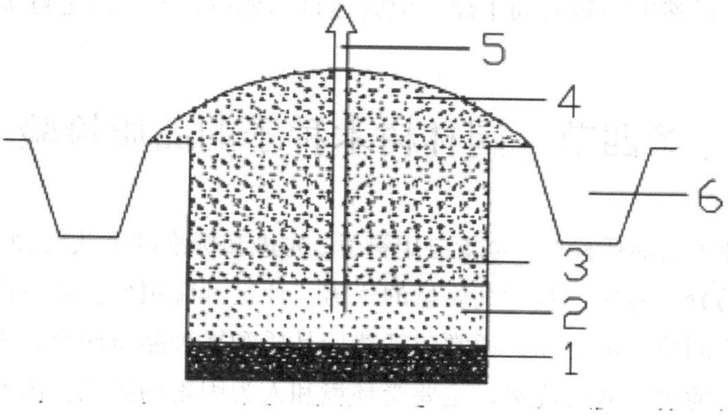

图 3–3　种子室外湿藏

注：1. 卵石；2. 沙子；3. 种沙混合物；4. 覆土；5. 通气竹管；6. 排水沟

室内混沙湿藏，可保持种子湿润，且通气良好。湿沙体积为种子的 2 ～ 3 倍，沙子湿度视种子而异。银杏和樟树种子，沙子湿度宜控制在 15% 左右；栎类、椴树、槭树等种子，可采用含水量 30% 的湿沙，如果湿度太大，容易引起发芽。一般以手握成团，手捏即散为宜。温度以 0 ～ 3℃为宜，太低易造成冻害，但温度高又会引起种子发芽或发霉。

雪藏、流水藏，这两种贮藏方法和露天湿藏种子有相似之处，它们都是在湿润低温的条件下贮藏种子。雪藏常在北方积雪较厚时，将种子和雪混合堆放在室外；流水藏要求选择水底淤泥、腐草少，水流缓慢又不冻结的溪涧或河流贮藏。

四、种子运输

种子运输可认为是一种短期活动中的贮藏。如果包装和运输不当，则运输过程中很容易导致种子品质降低，甚至使种子丧失活力。因此，种子运输之前，要根据种实类型进行适当干燥，或保持适宜的湿度。要预先做好包装工作，运输途中防止高温或受冻，防止种实过湿发霉或受机械损伤，确保种子的活力。种子运输之前，包装要安全可靠，并进行编号，填写种子登记卡，写明树种的名称和种子各项品质指标、采集地点和时间、每包重量、发运单位和时间等。卡片装入包装袋内备查。

一般含水量低且进行干藏的种实，如云杉、红松、落叶松、樟子松、杉木、白蜡和刺槐等树木的种实，可直接用麻袋或布袋装运。包装不宜太紧太满，以减少对种子的挤压，同时便于搬运。对于樟、楠、茶等含水量较高且容易失水而影响活力的种子，可先用塑料或油纸包好，再放入箩筐中运输。对于栎类等需要保湿运输的种子，可用湿苔藓、湿锯末和泥炭等放容器中保湿。对于杨树等极易丧失发芽力且需要密封贮藏的种子，在运输过程中可用塑料袋、瓶和筒等器具，使种子保持密封条件。有些树种如樟树、玉兰和银杏的种子，虽然能耐短时间干燥，但到达目的地后，要立即进行湿沙埋藏。

第四节　园林树木种子的品质检验

园林树木种子的品质检验，是指应用科学、先进和标准的方法对种子样品的质量（品质）进行正确的分析测定，判断其质量的优劣，评定其应用价值的一门科学技术。种子品质是种子的不同特性的总和，通常包括遗传品质和播种品质两个方面。遗传品质是种子固有的品质，播种品质的优劣，主要受环境和人为因素的影响。因此种子品质检验主要是检验种子的播种品质。

对于园林树木的种子品质，主要的检验项目包括种子净度、发芽率、生活力、优良度、种子健康状况、含水量、重量（千粒重）等。

一、抽样

抽样是抽取具有代表性、数量能满足检验需要的样品。由于种子品质是根据抽取的样品经过检验分析确定的，因此抽样正确与否十分关键。如果抽取的样品没有充分的代表性，无论检验工作如何细致、准确，其结果也不能说明整批种子的品质。为使种子检验获得正确结果，必须从受检的一批种子中随机抽取具有代表性的初次样品、混合样品和送检样品。尽最大努力保证送检样品能准确地代表该批种子的组成成分。

种皮指来源和采集期相同、加工调制和贮藏方法相同、质量基本一致，并在规定数量之内的同一树种的种子。不同树种种皮最大重量为：特大粒种子如核桃、板栗、麻栎、油桐等为10 000kg；大粒种子如油茶、山杏等为5000kg；中粒种子如红松、华山松、樟树、沙枣等为3500kg；小粒种子如油松、落叶松、杉木、刺槐等为1000kg；特小粒种子如桉、桑、泡桐、木麻黄等为250kg。

初次样品是从种皮的一个抽样点上取出的少量样品。混合样品是从一个种批中抽取的全部大体等量的初次样品合并混合而成的样品。送检样品是送交检验机构的样品，可以是整个混合样品，也可以是从中随机分取的一部分。测定样品是从送检样品中分取，供做某项品质测定用的样品。

抽样的步骤：用采样器或徒手从一个种批中取出若干初次样品；然后将全部初次样品混合组成混合样品；再从混合样品中按照随机抽样法、四分法等分取送检样品，送到种子检验室；在种子检验室，按照四分法等从送检样品中分取测定样品，进行各个项目的测定。

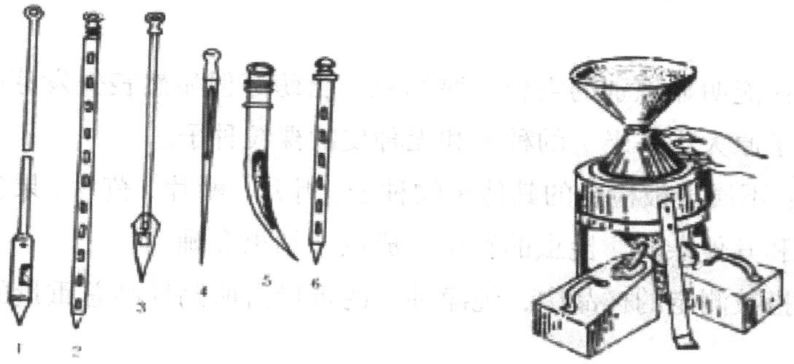

图 3–4　扦样器和分样器

注：1……；2……

送检样品的重量：送检样品的重量至少应为净度测定样品的 2 ～ 3 倍，大粒种子重量至少应为 1000g，特大粒种子至少要有 500 粒。净度测定样品一般至少应含 2500 粒纯净种子。各树种送检样品的最低数量见表 3-2。

品种	数量（单位 /g）	品种	数量（单位 /g）
核桃	6000	白蜡、复叶、水曲柳	400
板栗、栎类	5000	油松	3500
银杏、油桐	4000	臭椿	300
山桃、山杏	3500	侧柏	250
皂荚、榛子	3000	锦鸡儿、刺槐	200
红松	2000	杉木、黄云南松	150
元宝枫	1200	榛子松、柏木、榆、桉	100
白皮松、樟、华山松	1000	马尾松、沙棘、紫穗槐	85
黄连木	700	落叶松、云杉、衫木、桦	50
沙枣、国槐	600	杨、柳	6
杜仲、合欢、椴	500		

表 3–2 常见树种送检样品的最低数量

二、净度分析

种子净度，是指纯净种子的重量占测定样品总重量的百分比。净度分析是测定供检验样品中纯净种子、其他植物种子和夹杂物的重量百分率，据此推断种批的组成，了解该种批的利用价值。测定方法和步骤为：①试样分取，用分样板、分样器或采用四分法分取试样；②称量测定样品；③分析测定样品，将测定样品摊在玻璃板上，把纯净种子、废种子和夹杂物分开；④把组成测定样品的各个部分称重，计算净度。

纯净种子是指完整的、没有受伤害的、发育正常的种子；发育不完全的种子和难以识别的空粒；虽已破口或发芽，但仍具发芽能力的种子。带翅的种子中，凡加工时种翅容易脱落的，其纯净种子是指除去种翅的种子；凡加工时种翅不易脱落的，其纯净种子包括留在种子上的种翅。壳斗科的纯净种子是否包括壳斗，取决于各个树种的具体情况：壳斗容易脱落的不包括壳斗；难以脱落的包括壳斗。复粒种子中至少含有一粒种子也可计为纯净种子。

废种子包括：能明显识别的空粒、腐坏粒、已萌芽但显然丧失发芽能力的种子；严重损伤（超过种子原大小一半）的种子和无种皮的裸粒种子。

夹杂物包括：不属于被检验的其他植物种子，叶片、鳞片、苞片、果皮、种翅、壳斗、种子碎片、土块和其他杂质，昆虫的卵块、成虫、幼虫和蛹。

种子净度是指被测定的样品中，纯净种子的重量占所测样品总重量的百分比。

计算公式：

$$种子净度（\%）=\frac{纯净种子重量}{纯净种子+异类种子+夹杂物}\times 100\%$$

三、种子重量测定

种子重量主要指千粒重，通常指气干状态下1000粒种子的重量，以克（g）为单位。千粒重能够反映种粒的大小和饱满程度，重量越大，说明种粒越大越饱满，内部含有的营养物质越多，发芽迅速整齐，出苗率高，幼苗健壮。种子千粒重测定有百粒法、千粒法和全量法。

（一）百粒法

1．数取试样及称重。随机数取净种子100粒，8次重复，分别称重（g），小数位数与净度分析的规定相同。

特大粒种子（如花生）百粒重个别品种 >100.0g，用0.1g填平。大粒种子（玉米30g ± ）百粒重10.00 ~ 99.99g，用0.01g填平。

2．检查重复间容许变异系数，计算千粒重。按下列公式计算8个重复的标准差、平均重量及变异系数。

$$平均重量\ \bar{x}=\frac{\sum_{i=1}^{n}X_i}{n} \qquad 标准差\ s=\sqrt{\frac{\sum_{i=1}^{n}X_1^2-n\bar{x}^2}{n-1}}$$

$$变异系数\ C=\frac{S}{\bar{x}}\times 100\% \qquad Xi——各重复重量（g） \qquad n——重复次数$$

（1）带有稃壳的种子变异系数≯6.0（稻、大麦、棉、花生、芹属等）。其他种类种子的变异系数≯4.0，则可计算实测的千粒重。

（2）变异系数超过上述限度，则再测定 8 个重复，计算 16 个重复的标准差（S）与平均值 $(\bar{x})$。凡与平均数之差超过两倍标准差的重复略去不计。$(X_i-\bar{x})>2S$ 去掉。其余部分平均计算。将 8 个或 8 个以上的每个重复 100 粒种子的平均重量 ×10$(\bar{x}\times 10)$ 即为实测千粒重。

（二）千粒法

适用于种粒大小、轻重极不均匀的种子。通过手工或用数种仪器从待测样品中随机数取两个重复，分别称重，计算平均值，求算千粒重。大粒种子，每个重复数 500 粒；小粒种子，每个重复数 1000 粒。

容许误差：两重复的差数与平均数之比不应超过 5%，即 $(X_1-X_2)/\bar{x}\times 100\leqslant 5\%$。如果超过，则需分析第三份试样，将第三份与第一、二份进行比较，取在容许差距之内的两份。

（三）全量法

珍贵树种，种子数量少，可将全部种子称重，换算成千粒重。

千粒重 = 实测重量 ×1000/ 粒数

四、含水量测定

种子含水量是种子中所含水分的重量与种子总重量的百分比。通常将种子置入烘箱用 105℃温度烘烤 8 小时后，测定种子烘干前后的重量之差来计算含水量。

测定种子含水量时，桦、侧柏等细小粒种子，以及榆树等薄皮种子，可以原样干燥。红松、华山松、槭树和白蜡等厚皮种子，以及核桃、板栗等大粒种子，应将种子切开或弄碎，然后再进行烘干。

种子含水量计算：

$$种子含水量（\%）=\frac{种子烘干前的重量-种子烘干后的重量}{种子烘干前的重量}\times 100\%$$

五、发芽测定

（一）发芽测定目的及有关概念

发芽测定的目的是测定种子批的最大发芽潜力，评价种子批的质量。种子发芽力是指种子在适宜条件下发芽并长成植株的能力。种子发芽力是种子播种品质最重要的指标，用发芽势和发芽率表示。

发芽势是种子发芽初期（规定日期内）正常发芽种子数占供试种子总数的百分比，通常以发芽试样规定的期限的最初三分之一期间内的发芽数占供试种子总数的百分比表示。发芽势高，表示种子活力强，发芽速度快，发芽整齐，生产潜力大。

发芽率也称实验室发芽率，是指在发芽试验终期（规定日期内）正常发芽种子数量占供试种子总数的百分比。种子发芽率高，表示有生活力的种子多，播种后出苗多。

（二）发芽实验设备和用品

种子发芽实验中常用的设备有电热恒温发芽箱、变温发芽箱、光照发芽箱、人工气候箱、发芽室以及活动数种板和真空数种器等设备。发芽床应具备保水性好、通气性好、无毒、无病菌等特性，且有一定强度。常用的发芽床材料有纱布、滤纸、脱脂棉、细沙和蛭石等。

（三）发芽实验方法

1．器具和种子灭菌

为了预防霉菌感染，发芽试验前要对准备使用的器具灭菌，发芽箱可在实验前用福尔马林喷洒后密封 2 ~ 3 天，然后再使用。种子可用过氧化氢（35%，1h）、福尔马林（0.15%，20min）等进行灭菌。

2．发芽促进处理

置床前通过低温预处理或用 GAs、HNO、KNO、H_2O_2 等处理种子，可破除休眠。对种皮致密、透水性差的树种如皂荚、刺槐等，可用 45℃的温水浸种 24h，或用开水短时间烫种（2min），促进发芽。

3．种子置床

种子要均匀放置在发芽床上，使种子与水分良好接触，每粒之间要留有足够的间距，以防止种子受霉菌感染并蔓延，同时为发芽苗提供足够的生长空间。

4. 贴标签

种子放置完后，必须在发芽皿或其他发芽容器上贴上标签，注明树种名称、测定样品号、置床日期、重复次数等，并将有关项目登记在种子发芽试验记录表上。

5. 发芽实验管理

（1）水分。发芽床要始终保持湿润，切忌断水，但不能使种子四周出现水膜。

（2）温度。调节好适宜的种子发芽温度，多数种子以 25℃为宜。变温有利于种子发芽。

（3）光照。多数种子可在光照或黑暗条件下发芽。但国际种子检验规程规定，对大多数种子最好加光培养，目的是光照可抑制霉菌繁殖，同时有利于正常幼苗鉴定，区分黄化和白化等不正常幼苗。

（4）通气。用发芽皿发芽时，要常开盖，以利通气，保证种子发芽所需的氧气。

（5）处理发霉现象。发现轻微发霉的种子，应及时取出并洗涤去霉。发霉种子超过5%时，应调换发芽床。

6. 持续时间和观察记录

（1）种子放置发芽的当天，为发芽实验的第一天。各树种发芽实验需要持续的时间不一样。

（2）鉴定正常发芽粒、异状发芽粒和腐坏粒并计数。正常发芽粒为：长出正常幼根，大、中粒种子的幼根长度应该大于种粒长度的1/2，小粒种子幼根长度应该大于种粒长度。异状发芽粒为：胚根形态不正常，畸形、残缺等；胚根不是从珠孔伸出，而是出自其他部位；胚根呈负向地性；子叶先出等。腐坏粒：内含物腐烂的种子，但发霉粒种子不能算作腐坏粒。

7. 计算发芽试验结果

发芽试验到规定结束的日期时，记录未发芽粒数，统计正常发芽粒数，计算发芽势和发芽率。试验结果以粒数的百分比表示。

发芽势 =（到发芽高峰时已发芽的种子数 / 供试种子总数）× 100%

发芽率 =（发芽结束时正常发芽的种子数 / 供试种子总数）× 100%

六、生活力测定

种子生活力是指种子发芽的潜力或种胚所具有的生命力。测定种子生活力的必要性在于快速地估计种子样品尤其是休眠种子的生活力。有些树种的种子休眠期很长，需要在短时间内确定种子品质时，必须用快速的方法测定生活力。有时由于缺乏设备，或者经常是急需了解种子发芽力但时间很紧迫，不可能采用正式的发芽试验来测定发芽力，就必须通过测定生活力，借此预测种子发芽能力。

种子生活力常用具有生命力的种子数占试验样品种子总数的百分比表示，即生活率表示。测定生活力的方法常用化学药剂的溶液浸泡处理，根据种胚（和胚乳）的染色反应来判断种子生活力。主要的化学药剂试验法有四唑染色法、靛蓝染色法、碘—碘化钾染色法、红墨水染色法。此外，也可用X射线法和紫外荧光法等进行测定。但是最常用的且列入国际种子检验规程的生活力测定方法是生物化学（四唑）染色法。

（一）染色法

1. 四唑染色法

四唑全称为2，3，5—氯化（或溴化）三苯基四氮唑，简称四唑或红四唑，是一种生物化学试剂，为白色粉末，分子式为 $C_{19}H_{15}N_4CI$。四唑的水溶液无色，在种子的活组织中，四唑参与活细胞的还原过程，从脱氢酶接受氢离子，被还原成红色的稳定的不溶于水的2，3，5—三苯基钾臜，而无生活力的种子则没有这种反应。即染色部位为活组织，而不染色部位则为坏死组织。因此，可依据坏死组织出现的部位及其分布状况判断种子的生活力。四唑的使用浓度多为 0.1% ~ 1.0% 的水溶液，常用 0.5%。可将药剂直接加入 pH 在 6.5 ~ 7 的蒸馏水进行配制。如果蒸馏水的 pH 不能使溶液保持在 6.5 ~ 7，则将四唑药剂加入缓冲液中配制。浓度高，则反应快，但药剂消耗量大。四唑染色测定种子生活力的主要步骤如下。

（1）预处理。将种子浸入 20 ~ 30℃水中，使其吸水膨胀。目的是使种子充分快速吸水，软化种皮，方便样品准备。同时促进组织酶系统活化，以提高染色效应。浸种时间因树种而异，小粒的、种皮薄的种子浸泡两天，大粒的、种皮厚的浸泡 3 ~ 5 天。注意每天需要换水。

（2）取胚。浸种后切开种皮和胚乳，取出种胚，也可连胚乳一起染色。取胚同时，记录空粒、腐烂粒、感染病虫害粒及其他显然没有生活力的种粒。

（3）染色。将胚放入小烧杯或发芽皿中，加入四唑溶液，以无种胚为宜，然后置黑暗处或弱光处进行染色反应。因为光线可能使四唑盐类还原而降低其浓度，影响染色效果。染色的温度保持在 20 ~ 30℃，以 30℃最适宜，染色时间至少 3 小时。一般在 20 ~ 45℃的温度范围内，温度每增加 5℃，其染色时间可减少一半。如某树种的种胚，在25℃的温度条件下适宜染色时间是6h，移到30℃条件下只需染色3h，35℃时只需1.5h。

（4）鉴定染色结果。染色完毕，取出种胚，用清水冲洗，置白色湿润滤纸上，逐粒观察胚（和胚乳）的染色情况，并进行记录。鉴定染色结果时因树种不同而判断标准有所差别，但主要依据染色面积的大小和染色部位进行判断。如果子叶有小面积未染色，胚轴仅有小粒状或短纵线未染色，均应认为有活力。因为子叶的小面积伤亡，不会影响整个胚的发芽生长。胚轴小粒状或短纵线伤亡，不会对水分和养分的输导形成大的影响。但是，胚根未染色、胚芽未染色、胚轴环状未染色、子叶基部靠近胚芽处未染色，则应视为无生活力。

（5）计算种子生活力。根据鉴定记录结果，统计有生活力和无生活力的种胚数，计算种子生活力。

生活力 =（正常染色的种子数 / 供试种子总数）× 100%

2. 靛蓝染色法

靛蓝是一种苯胺染料，容易通过死细胞使细胞染色，因此，可根据种子是否染色及染色部位逐粒判断种子是否具有生命力。

3. 碘—碘化钾染色法

一些种子萌发时体内生成淀粉，碘—碘化钾溶液可使淀粉染成蓝色，根据种子是否染色及染色部位逐粒判断种子是否具有生命力。

4. 红墨水染色法

有生活力的种子其胚细胞的原生质具有半透性，有选择吸收外界物质能力，某些染料如红墨水中的酸性大红 G 不能进入细胞内，胚部不染色。而丧失活力的种子其胚部细胞原生质膜丧失了选择吸收的能力，染料进入细胞内使胚部染色，所以可根据种子胚部是否染色来判断种子的生活力。

红墨水溶液的配制：取市售红墨水稀释20倍（1份红墨水加19份自来水）作为染色剂。

后三种染色的具体步骤与四唑染色法基本相同。

（二）软X射线法

使用软X射线法检验种子，既可以清晰地区别饱满粒和空粒，又可以看到种子内有无病虫危害，是否受到机械损伤等。还可以对种胚的发育进行跟踪观察，既快速又不损伤种子。但软X射线检验种子的结果还有待进行标准化处理。

七、优良度测定

优良度是指优良种子占供试种子的百分数。优良种子是通过人为地直观观察来判断的，这是最简易的种子品质鉴定方法。在生产上采购种子，急需在现场确定种子品质时，可依据种子硬度、种皮颜色、光泽、胚和胚乳的色泽、状态、气味等进行评定。优良度测定适用于种粒较大的银杏、栎类、油茶、樟树和槭树的种子品质鉴定。

八、种子健康状况测定

种子健康状况测定主要是测定种子是否携带有真菌、细菌、病毒等各种病原菌，以及是否带有线虫和其他有害昆虫。主要目的是防止种子携带的危险性病虫害传播和蔓延。

九、种子质量检验结果及质量检验管理

完成种子质量的各项测定工作后，要填写种子质量检验结果单。完整的结果报告单应该包括：签发站名称，托样及封缄单位名称，种子批的正式登记号和印章，来样数量、代表数量，托样日期，检验收到样品的日期，样品编号，检验项目，检验日期。

评价树木种子质量时，主要依据种子净度分析、发芽试验、生活力测定、含水量测定和优良度测定等结果，进行树木种子质量分级。

承担种子质量检验的机构应当具备相应的检测条件和能力，并经省级以上农业、林业行政主管部门考核合格。处理种子质量争议，以省级以上种子质量检验机构出具的检验结果为准。种子质量检验机构应当配备种子检验员。种子检验员应当经省级以上农业、林业行政主管部门培训、考核合格，颁发种子检验员证。

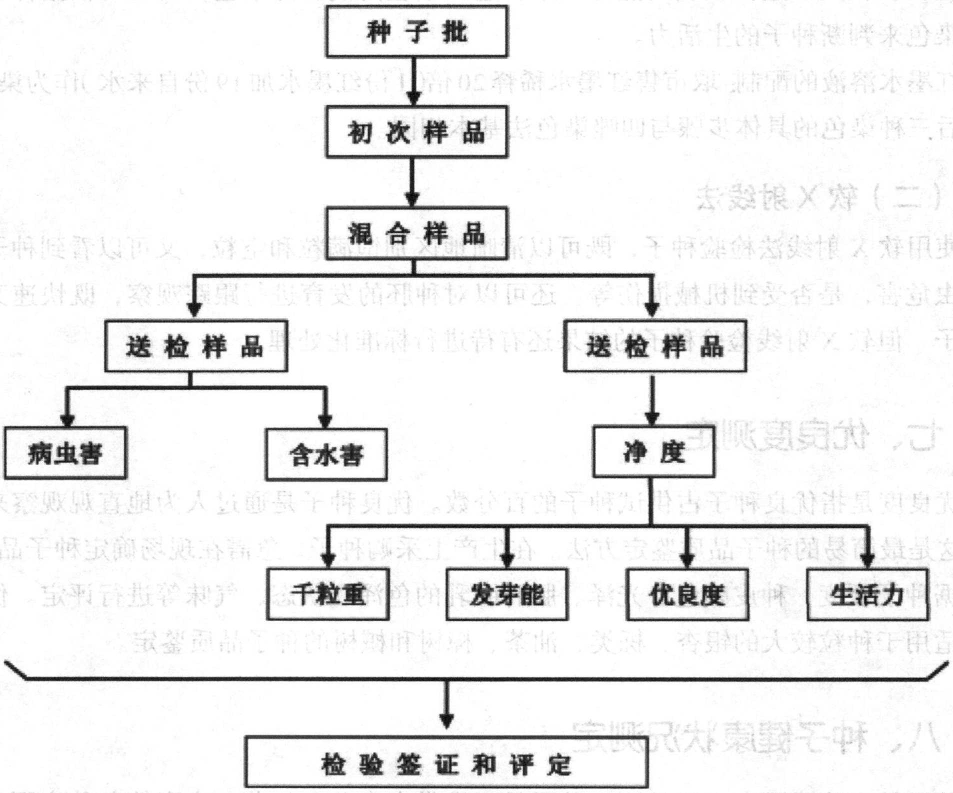

图 3–5　种子品质检验程序

第四章　园林植物育种技术

第一节　园林植物种质资源

一、种质资源的概念

亲代传给子代的遗传物质叫作种质（germ plasm），具有种质并能繁殖的生物体叫作种质资源（germ plasm resource）。种质资源也称品种资源、遗传资源或基因资源。种质资源小到具有植物全能性的器官、组织和细胞，以至控制生物性质的基因，大到植物个体，甚至种内许多个体的混合（种质库或基因库）。只要具有种质并能繁殖的生物体，都能归入种质资源之内。

二、种质资源的意义和作用

园林植物种质资源是在漫长的历史过程中，由于自然演化和人工创造而形成的一种重要的自然资源。它积累了由于自然和人工引起的、极其丰富的遗传变异，即蕴藏着各种性状的遗传基因，是人类用以选育新品种和发展园林生产的物质基础，也是进行生物学研究的重要材料和极其宝贵的自然财富，对育种工作有着极为重要的意义。主要表现在以下几个方面。

（1）种质资源是育种工作的物质基础。确定的育种目标要得以实现，首先就取决于掌握有关的种质资源的多少。如果育种工作者掌握的种质资源越丰富，对它们的研究越深入，则利用它们选育新品种的成效就越大。大量的事实证明，育种工作者的突破性成就，决定了关键性资源的发现和利用。

（2）种质资源是不断发展新花卉植物的主要来源。据不完全统计，全球植物有35万～40万种，其中1/6具有观赏性。这些花卉植物有许多还处于野生状态，尚待人们对其进行调查、收集、保存、研究和利用，以满足人们日益增长的物质、文化生活的需求。

（3）适应生产的不断发展，需要发掘更多的种质资源。随着花卉生产发展和人类欣赏水平的提高，对花卉育种不断提出新的要求。要使育种工作有所突破，就需要发掘更多的种质资源，来供人们研究和利用。

三、种质资源的分类

种质资源的类别，一般是按其生态、类型、亲缘关系、种质类型、遗传学类型等进行划分。如按其种质类型可分为群体种质和个体种质，按遗传学类型可分为纯合型、杂合型，还可根据其来源分为本地种质资源、外地种质资源、野生种质资源和人工创造的种质资源。

1. 本地种质资源

本地种质资源是指在当地的自然和栽培条件下，经长期地栽培与选育而得到的植物品种和类型。它是选育新品种时最主要、最基本的原始材料，既具有取材方便，对当地自然、栽培条件有高度适应性和抗逆性等方面的优点，也具有遗传性较保守，对不同环境适应范围窄的缺点。

本地种质资源包括古老的地方品种（或称地方农家品种）和当前推广的改良品种。古老的地方品种是长期自然选择和人工选择的产物，它不仅深刻地反映了本地的风土特点，对本地的生态条件具有高度的适应性，而且还反映了当地人民生产、生活需要的特点，是改良现有品种的基础材料。

2. 外地种质资源

外地种质资源是指由其他国家或地区引入的植物品种和类型。它们反映了各自原产地区的生态和栽培特点，具有不同的生物学、经济学和遗传性状，其中有些是本地种质资源所不具备的，特别是来自起源中心的材料，集中反映了遗传的多样性，是改良本地品种的重要材料。在育种上有时还特意选用产地距离远的品种或类型为杂交亲本，以创造遗传基础丰富的新类型，也可直接对外地种质资源进行引种、驯化。但是外地种质资源对本地区的自然和栽培条件的适应能力较差。正确地选择和利用外地种质资源，可以极大地丰富本地的种质资源。

3. 野生种质资源

野生种质资源是指未经人们栽培的自然界野生的植物。它是长期自然选择的结果，具有高度的适应性和抗逆性。除少数种类具有较高的观赏价值，只需经过引种、驯化就可直接应用于花卉生产外，多数种类的观赏性状和经济性状较差。但是往往具有一般栽培植物所缺少的某些重要性状，如顽强的抗逆性、独特的品质等，是培育新品种的宝贵材料。

4. 人工创造的种质资源

人工创造的种质资源主要是指应用杂交、诱变等方法所创造的变异类型。它包括各种育种方法和育种过程中所得到的育种材料，有些类型虽不符合花卉生产的需要，但往往具有某些特殊性状的基因，是培育新品种和进行有关理论研究的珍贵资源材料。也有些类型具有比自然资源更能符合我们需要的综合性状，这是自然资源中所缺乏的，它既可以满足人们对品种的复杂要求，又可以为进一步的育种工作提供理想的原始材料。

四、种质资源收集的原则和方法

1. 原则

收集种质资源时，应掌握以下几项原则。

（1）必须根据收集的目的和要求、单位的具体条件和任务，确定收集的对象，包括类别、数量和实施步骤。收集时必须在普查的基础上，有计划、有步骤、分期分批地进行，收集材料应根据需要，有针对性地进行。

（2）收集范围应该由近及远，根据需要先后进行，首先应考虑珍稀濒危种的收集，其次收集有关的种、变种、类型和遗传变异的个体，尽可能保存生物的多样性。

（3）种苗收集应遵照种苗调拨制度的规定，注意检疫，并做好登记、核对，尽量避免材料的重复和遗漏。

2. 方法

（1）直接考察收集

收集种质资源常用的方法是有计划地组织国内外的考察收集。除到栽培植物起源中心和各种近缘野生种众多的地区去考察收集外，还要到国内不同生态地区去考察收集。由于我国的种质资源十分丰富，所以目前和今后相当一段时间内，主要着重于搜集本国的种质资源。

（2）交换或购买

我们应该注意发展对外的种质交换甚至购买，加强国外引种。

（3）征集

种质资源的收集除考察搜集外，更多的是征集。征集大多是通过通信、访问或交换进行。

收集的样本，应能充分代表收集地的遗传变异性，并要求有一定的群体。如自交草本植物至少要从 50 株上采取 100 粒种子；异交的草本植物至少要从 200 ~ 300 株上各采取几粒种子。收集的样本应包括植株、种子和无性繁殖器官。种质资源收集的实物一般是种子、苗木、枝条、花粉，有时也有组织和细胞等。

采集样本时，必须详细记录品种或类型名称，产地的自然、耕作、栽培条件，样本的来源（如荒野、农田、庭院、集市等），主要形态特征、生物学特性和经济性状，群众反映及采集的地点、时间等。

五、种质资源的研究和利用

种质资源收集、保存的目的是育种利用，而合理利用的关键在于对种质资源进行深入的研究。为了正确认识种质资源，有效地发挥其作用，必须对收集到的种质资源进行全面、系统的研究。只有占有比较全面的专属种质资源，并对其进行细胞学、遗传学、生物学等方面的系统研究，才能在较大的群体中根据育种目标选择最佳组合，培育新品种。

1. 种质资源的研究

（1）分类学性状的研究

通过对收集到的种质资源各种材料的主要器官形状、大小、数量、色泽等外部特征的比较分析，可判断各种材料之间的亲缘关系及其在分类学中的地位。通过对分类学性状的研究，可为以后的有性杂交、无性育种等工作奠定基础。

（2）生物学特性的研究

通过对生物学特性的研究，可了解种质材料的生长发育规律、生育周期及其对温光、水、矿物质营养的要求等，从而为今后引种栽培、杂交技术等育种工作打好基础。

（3）经济性状的研究

许多花卉植物不仅具有很好的观赏性，而且还可带来一定的经济收益。如玫瑰可提炼香精，金莲花可用于美容保健等。对种质资源的经济性状进行研究，可进一步发挥它们的作用。

（4）观赏特性的研究

针对不同花卉植物种质资源的观赏特性，要有重点地记载其属于观花类、观果类，还是观叶类等，特别要注意可能在观赏性方面有突破性作用的好材料，以便对其进行性状遗传学、生理生化学等方面的深入研究。

（5）抗性特点的研究

对收集的种质材料，还需进行抗寒性、抗旱性、耐热性、耐湿性、耐盐碱、抗病虫害等方面的研究，从而通过抗性育种，培养出更多更好的园林花卉品种。

（6）适应能力的研究

植物材料对不同环境条件和栽培方法的适应能力有大有小。通过适应能力的研究，可为今后的引种驯化、新品种选育、推广等工作打好基础。

（7）分子生物学研究

种质资源的分子生物学研究主要是：重要性状的分子机理、分子标记辅助育种、限制片段长度多态性（RFLP）、随机扩增的多态性 DNA（RAPD）、扩增片段长度多态性（AFLP）分子标记技术、微卫星（SSR）分子标记技术等的研究。

2. 种质资源的利用

鉴定出具有优良性状的种质材料，可作为亲本，通过杂交、人工诱变及其他手段创造新的种质资源，为育种提供半成品，并从其后代中选育出优良变异个体培育成新品种；也可利用种质资源，直接从中选育出优良个体培育成品种。目前，许多育种家通过远缘杂交，将野生近缘植物的基因导入植物品种，使其获得新的优良性状，虽然有的不能直接利用与生产，但可能成为有价值的育种材料。

第二节　园林植物引种技术

一、引种驯化的概念

植物的种类和品种在自然界都有一定的分布区域。引种驯化（introduction and domestication）就是把一种植物从现有的分布区域（野生植物）或栽培区域（栽培植物）人为地迁移到其他地区种植的过程。简单地说，引种是人类为了某种需要，把植物从原分布区移种到新地区。植物引入新地区后有两种反应：一种是原分布区与引入地区的自然条件差异较小或由于引入植物适应范围较广，植物不需要改变其遗传性就能适应新的环境条件，正常生长发育，开花结果，称为简单引种（introduction）；另一种是原分布区和引种地区的自然条件差异较大或由于引种植物的适应范围较窄，植物生长不正常，但经过精细的栽培管理或结合杂交、诱变、选择等改良植物的措施，逐步改变其遗传性以适应新的环境，称为驯化引种（domestication）。如三叶橡胶先引种到南洋，经过一定程度的适应过程以后，再引入海南岛、广东等地。

二、引种驯化的意义

1. 引种可以迅速丰富和改善本地品种的结构

世界各地的自然条件复杂多样，这就形成了不同的植物种类，为引种创造了有利的条件。通过引种虽然不能创造新品种，但可以最快的速度增加当地品种的种类，并且通过试验之后，可以扩大植物品种的种植区域，从而改善当地的植物种植结构。据报道，杭州植物园近 30 年来，广泛从国外引种，到目前为止，实际保存种类约 4000 种，对其中 50 种城市绿化树种进行引种鉴定和评价，为城市绿化提供了新的植物种类。

2. 引种省时、省力，可以迅速提高经济效益

和其他育种方法相比较，引种所需要的时间短，见效快，既节省人力、物力，又降低成本，所以在制订育种计划时，首先要考虑引种驯化的可能性，只有在没有类似品种可供引种时，才考虑其他方法创造新品种。

3. 引种可以充实育种的基因资源，为其他育种途径提供育种材料

从外地引入的品种，有些不能直接适应新地区的气候条件、土壤条件以及人们的要求，但往往表现出这样或那样的优良的经济性状，经本地栽培或作其他育种方法的原始材料时，会出现某些有利的变异的后代通过进行单株选择，有可能从中选育出新品种。如1928年墨西哥落羽杉引入中国后，一直长势不佳；1962年，叶培忠教授将其与柳杉杂交，培育出了抗台风、耐水湿、耐盐碱的东方杉。

三、引种的程序

1. 确定引种目标

引种目标通常是针对本地区的自然条件、现有园林植物种类、品种存在的问题、市场的需求及其经济效益等来确定。如北方城市冬天很少有常绿阔叶树，可以引一些广玉兰、女贞等；浙江一些城市街道两旁多为法国梧桐，可以引种一些棕榈、樟树等种植。一般来讲，要根据当地的生态环境条件，以当地市场需求的品种为主攻方向，其次是新、奇、特及抗逆性。

2. 收集引种材料并编号登记

收集引种材料时，必须先掌握有关品种的情报，包括品种的选育历史、生态类型、遗传性状和原产地的生态环境条件及生产水平等，然后进行比较分析，估计哪些品种类型有适应本地区生态环境和生产要求的可能性，从而确定收集的品种类型。引种材料可通过实地调查收集，也可通过通信邮寄等方式收集。

目前繁殖材料的类型很多，有种子、接穗、插穗、球根、块根、块茎，也可能是完整的植株或试管苗，收集到的材料必须逐个进行详细的登记并编号。登记的项目包括种类、品种的名称（包括学名、俗名等）、繁殖材料的种类（种子、接穗、插条、苗木等，嫁接苗还要注明钻木的名称）、材料来源、数量、收到日期以及收到后采取的处理措施（包括苗木的假植、定植）。收集到的每份材料只要来源和收集时间不同，都要分别编号，同时，对每份材料的植物学性状、经济性状、原产地的生态特点等均应记载说明，分别装入不同编号的档案袋内备查。每个品种材料的收集数量以足供初步试验研究为度，不必太多。

3. 引种材料的检疫

引种是传播病虫害和杂草的一个重要途径。国内外在这方面都有许多严重的教训。为避免随引种材料传入本地区没有的病虫害和杂草，从外地区特别是国外引入的材料必须先通过植物检疫部门的严格检疫。如发现具有检疫对象的繁殖材料，必须及时进行药剂处理。到原产地直接收集品种材料时，要注意就地取舍和检疫处理，使引入材料中不夹带原产地的病虫和杂草。为确保安全，对于新引种的品种材料，除进行严格检疫外，必要时要隔离种植，一旦发现具有被检疫对象，马上采取根除措施，避免给引种地区造成巨大的经济损失。

4. 引种试验

由于各地区生态条件存在差异，所以一个品种引入到新地区后，和在原产地相比较，表现可能不同，必须进行引种试验。用当地有代表性的优良品种做对照，对引入材料进行系统的比较观察，以确定其适应性和优劣。试验地的土壤条件和管理措施力求一致，以便准确判断引入材料的利用价值。

5. 引种材料的评价

引入材料经过试验后，要组织专业人员对其进行综合评价，包括两方面：一是根据引种驯化成功的标准进行科学性评价，二是根据生产成本和市场价格进行经济性评价。

6. 扩大繁殖和推广

引种试验往往在少数科研单位或大中院校进行，引种成功的材料数量少，远远不能满足生产上的需要，所以必须及时进行扩大繁殖，以供生产之需，这样才能使引种成果产生经济效益。

四、引种的方法

一个品种引到新地区后，由于气候条件、耕作制度与原产地不同，引入后可能有不同的表现，所以必须进行引种试验。在试验时，要求用当地有代表性的优良品种做对照，同时试验地的土壤条件必须均匀，管理措施力求一致，使引种材料能得到客观的评价。步骤如下。

1. 种源试验

种源试验是指对同一种植物分布区中不同地理种源提供的种子或苗木进行的对比栽培试验。在种源试验中，应尽可能引入一个新品种若干个种源的植物材料或引入较多的品种，每个品种材料的数量最初可以少些，即少量试引，将初引进的材料先小面积试种观察，初步鉴定其对本地区生态条件的适应性和生产上的利用价值。对于树龄长、个体大的观赏树木，每个材料可种植 3 ～ 5 株，可结合在种植资源圃或生产单位的品种园栽植。初步肯定有希望的品种，进一步参加品种比较试验。

2. 品种比较试验

将种源试验中表现优良的品种，参加品种比较试验。试验中严格设有小区重复，以便作出更精确客观的鉴定。如对同是引自德国的几个藤本月季品种进行栽培试验，观察其对本地区栽培条件的适应性及其观赏特性，结果发现："同情"春季花量很大，夏、秋两季开花很少，甚至不见花；"宠爱小姐"生长势旺盛，三季都可见花；"多特蒙德"春季开花旺盛，三季都可见花，但须加强肥水养护，否则只能一季见花。只有经过几年的重复观察，才能掌握其生长发育的规律，决定取舍。通常品比试验的时间为乔木 5 ～ 10 年，花灌木 3 ～ 5 年，多年生草本 2~3 年。

3. 区域试验

将品比试验中表现优异的品种栽种到更大范围的试验点，利用各种小气候进行多点试验，以测定其适应范围。如金山、金焰绣线菊在北京植物园山地苗圃、西南郊苗圃的砂质壤中表现很好，但在小汤山苗圃及城区绿地较黏重的土壤或盐碱化较重的土壤栽植，则表现焦边黄叶，生长受到抑制，观赏特性不能充分体现。可该品种在沈阳、铁岭地区表现优良，很受人们喜爱。所以，通过区域试验可确定品种更适宜的种植范围。

4. 栽培试验

经过品比试验和区域化试验，对表现适应性好而经济性状优异的引入品种，可进入较大面积的栽培试验，作出最后的综合评价，并制订相应的栽培技术措施，使其得到合理的利用。

五、引种驱化成功的标准

怎样才算引种成功呢？具体标准可概括为以下 3 点：

（1）和在原产地栽培时相比较，引种植物在新地区不加保护或稍加保护，就能安全越冬或越夏，生长良好。

（2）没有降低原来的产品质量、经济价值和观赏特性。

（3）能够用原来的繁殖方式（有性或无性繁殖方式）进行正常的繁殖。

六、引种栽培的技术措施

引种时，必须注意要与栽培技术相结合，避免出现引入品种虽然能够适应引种地区的自然条件，但由于栽培技术没跟上而错误地否定该品种的利用价值的现象。农谚“会种是个宝，不会种是根草”足以说明引种与栽培技术相结合的重要性。

1. 播种期

由于日照长短影响植物的生长，南北日照长短不同，植物的生长量也不同。当植物由南向北引种时，应适当延期播种，目的是减少植物生长量，使养分积累于植物组织，增加其充实度，提高越冬抗寒能力。但也不能播种过迟，否则幼苗生长太弱，也不能安全越冬。相反，植物由北向南引种时，可适当提早播种，增加植物在长日照下的生长期和生长量，提高其越夏能力。

2. 种子的特殊处理

种子萌动时，进行特殊剧烈变动的外界条件处理，能在一定程度上增强其对外界条件的适应性。如进行高温、低温或变温处理，可促使种子发芽；种子萌动后进行干燥处理，有助于增强植物的抗旱能力；种子萌动后用一定浓度的盐水处理，能增强其抗盐碱能力。

3. 栽培密度

植物由南向北引时，族播或适当密植的方式，使植物群体的不同个体之间形成相互保护，提高其抗寒性。相反，植物由北向南引时，则应适当加大株行距，有利于通风散热，使植物正常生长。

4. 肥水管理

南方植物向北引种时，在苗木生长季后期，应适当节制肥水，控制生长，促使枝条木质化，提前封顶，提高其抗寒性。另外，在苗生长前期施用氮肥，后期不施氮肥，适当增施磷、钾肥，也有利于植物组织提早木质化，提高抗寒性。如上海园林管理处在桉树育苗中，前期施用氮肥，后期增施磷、钾肥，10 月下旬用硫酸锌混在胶泥中施在苗木根部，对控制苗后期生长，促进枝条木质化，提高其越冬抗寒能力具有良好效果。相反，北方植物向南引种时，为了延迟植物的封顶时间，应多施氮肥并追肥，促进植物生长，以抵制短日照对植物造成的伤害。同时，增加灌溉次数，来加大土壤和空气的湿度，降低温度。

5. 光照处理

南方植物向北引种时，由于生长季内光照时间变长，植物不能及时停止生长，枝条木质化程度差，易遭受冻害。可在幼苗期遮去早、晚光，进行 8~10h 的短日照处理，缩短其生长期，增强枝条的木质化程度，使植物体内营养物质积累增多，提高抗寒性。相反，北方植物向南引种时，由于生长季内光照时间变短，植物提前停止生长，生长量不足，不能抵御南方夏季炎热和病虫害的浸染。此时可采用长日照处理，延长植物的生长期，以增加其生长量，提高植物的抗炎热能力及抗病虫害浸染的能力。

6. 土壤的酸碱度

北方土壤多碱性，南方土壤多酸性。在南方酸性土壤中生长的植物向北引种时，首选北方山林隙地微酸性土壤试种。另外，可用微酸性的水或施有机肥，进行土壤改良。在北方碱性土壤或中性土壤中生长的植物向南引种时，首先在土壤中施用生石灰，改善土壤的 pH 值，然后进行引种，确保引种植物能正常生长。

7. 防寒与遮阴

南方植物向北引种时，苗木生长的第一、二年冬季要进行适当的防寒保护。抗寒性不同，可采取不同措施。如温室、塑料大棚、设置风障、培土、覆草等，大的树体还可单独用塑料薄膜将其围住，以提高温度，增强其抗寒能力。北京植物园在北京地区引种杉木、乌桕时，第一年冬前埋苗入上，第二年设置风障，第三年起不再保护，有一定效果。相反，北方植物向南引种时，为使其安全越夏，可适当搭棚遮阴来抵御夏季的炎热，并在夏末起逐渐缩短遮阴时间，使其逐步适应。

8. 引种某些共生性微生物

由于某些树种及豆科植物有与某些微生物共生的特性，所以在引种时要注意发挥菌根的作用，即在引种植物的同时，引入与其根部共生的土壤微生物，确保引种成功。

9. 做好引入品种的种子检验工作

种子检验包括种子含水量、发芽势、发芽率、纯度、净度等项目。引种前，必须做好这些项目的检验，符合各级种子规定标准的才可以调运。否则，必须协同种子调出单位进行种子处理，达到标准后才能引入，避免造成经济损失。

第三节　园林植物选择育种

一、选择育种的概念

从现有种类、品种的自然变异群体中，选出符合人类需要的优良变异类型，经过比较、鉴定，培育出新品种的方法，称为选择育种（selection breeding）。

选择育种具有最悠久的历史，是应用最广泛的一种选种途径。在原始的农业生产活动中，人类就开始了有意识或无意识的选种过程。长期以来，把许多的野生类型驱化为半栽培或栽培植物，培育出许多越来越优良的品种和类型。如栽培的福禄考属植物，最初的花瓣以 5 为基数，但现在生产上应用的品种从单瓣到重瓣，形成了很多种类的花卉类型。布尔班克与 Wilks 曾对虞美人的花色进行了多代定向选择的试验，开始时发现在开满狸红色花的虞美人圃地中具有窄白边的花，收获种子，在其后代中发现了花瓣带白颜色的花朵，最后选出开纯白花的类型。他们用同样的方法在 Shirley 中选出了花蕊为黄色及白色的花，以后又选出了开蓝花的珍稀类型，这都是长期选择的结果。人类在长期的选种实践中积累了丰富的经验，由此产生了各种各样的选择方法，广泛应用于现代各种育种途径中。所以，在未来的园林植物育种中，选择育种仍然是不可忽视的重要育种途径。

二、选择育种的意义

选择育种可直接培育和创造新品种纵观世界各国植物育种的历史，选择是人类改造动植物最原始的，而且是应用最普遍的一种育种方法。经过漫长的历史时期，在人们有意识的选择前提下，产生许多优良的园林植物品种。如凤仙花、芍药、翠菊、山茶、牡丹等重瓣品种，还有皱边唐菖蒲、玫瑰的许多品种、香水月季品种等。

选择育种方法简单，见效快，新品种能很快在生产上繁殖推广和杂交育种相比，选择育种可以省去杂交亲本的选配、人工杂交等过程，并且选择育种是对本地的品种或类型进行选择，选出的个体对当地的环境条件具有较大的适应能力，可简化一些育种程序，使新品种能及时应用到生产当中。

三、选择育种的主要方法

（一）混合选择法

混合选择法又称表现型选择法。是按照某些观赏特性和经济性状，从混杂的原始群体中，选取符合选择标准的优良单株，将其种子或无性繁殖材料混合留种，混合保存，下一代混合播种在混选区内，相邻种植标准品种（当地同类优良品种）及原始群体进行比较、鉴定，从而培育出新品种的方法。

混合选择必须在田间条件下进行，室内选择和贮藏期间的选择也是在田间选择的基础上进行的，这样才能提高选择效果。生产上应用的片选、株选、果选、粒选等多属于混合选择法。对原始群体只进行一次混合选择，当选群体就表现优于原始群体或对照品种，即进行繁殖推广的，称为一次混合选择法（图 4-1）。对原始群体进行多次混合选择后，性状表现一致，并优于对照品种，然后进行繁殖推广的，称为多次混合选择法（图 4-2）。

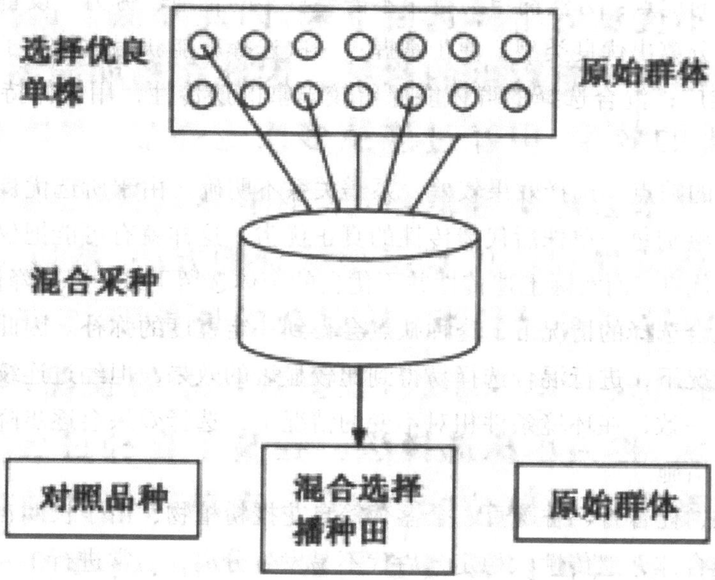

图 4–1　一次混合选择法

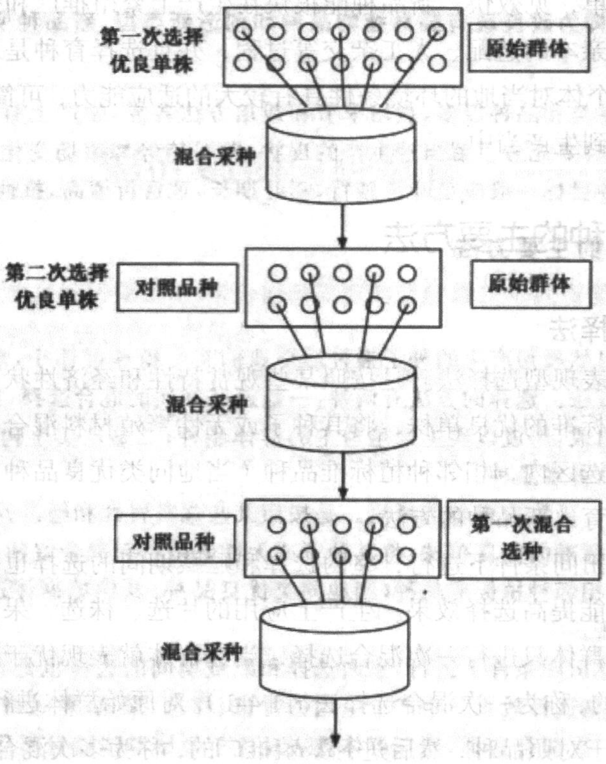

图 4–2、多次混合选择法

混合选择法的优点：方法简单易行，不需要较多的土地、劳力、设备就能迅速从混杂的原始群体中分离出优良类型，便于掌握；一次选择就能获得大量种子或繁殖材料，便于及早进行推广；混合选择的群体能保留较丰富的遗传性，用以保持和提高品种的种性。

混合选择法的缺点：选择效果较差，系谱关系不明确。由于所选优良单株的种子是混收混种，不能鉴别每一单株后代遗传性的真正优劣，这样就有可能把仅在优良的环境条件下外形表现优良，而实际上遗传性并不优良的个体选留下来，因此降低了选择成效。但在连续多次混合选择的情况下，这种缺点会得到一定程度的弥补。因此在初期原始群体比较复杂的情况下，进行混合选择易得到比较显著的效果，但经过连续多次选择后，群体基本上趋于一致，在环境条件相对不变的情况下，选择效果会逐步降低可采用单株选择或其他育种措施。

对于凤仙花、桂香竹、香豌豆、金盏菊等自花授粉植物，由于长期自交，其群体中每个单株多为纯合体，遗传性状稳定，后代不易发生分离，通常进行 1 ～ 2 次混合选择即可。但对于异花授粉植物，如石竹、四季秋海棠、向日葵、菊花、松树等，由于经常异花授粉，群体内每个单株多为杂合体，不同植株基因型可能不同，后代分离复杂，此类植物通常采用多次混合选择。

（二）单株选择法

单株选择法是个体选择和后代鉴定相结合的方法，所以又称为系谱选择法或基因型选择法。即按照某些观赏特性和经济性状，从混杂的原始群体中选出若干优良单株，分别编号、分别采种、下一代分别种植成一单独小区，根据各株系的表现，鉴定各入选单株基因型的优劣，从而选育出新品种的方法，称为单株选择法。在整个育种过程中，若只进行一次以单株为对象的选择，以后就以各株系为取舍单位的，称为一次单株选择法（图 4-3）。如果先进行连续多次的以单株为对象的选择，然后再以各株系为取舍单位，就称为多次单株选择法（图 4-4）。

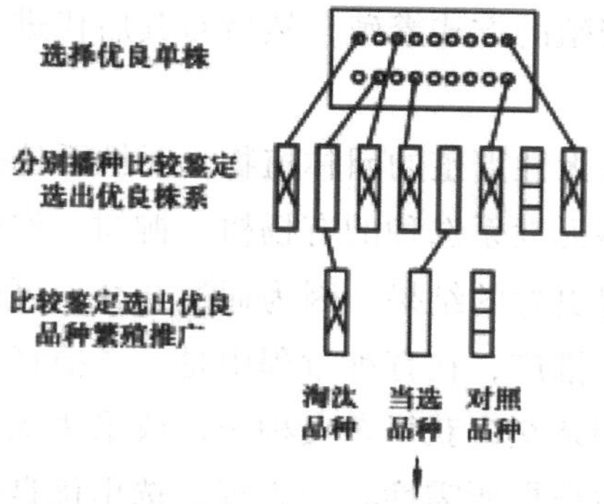

图 4-3　一次单株选择

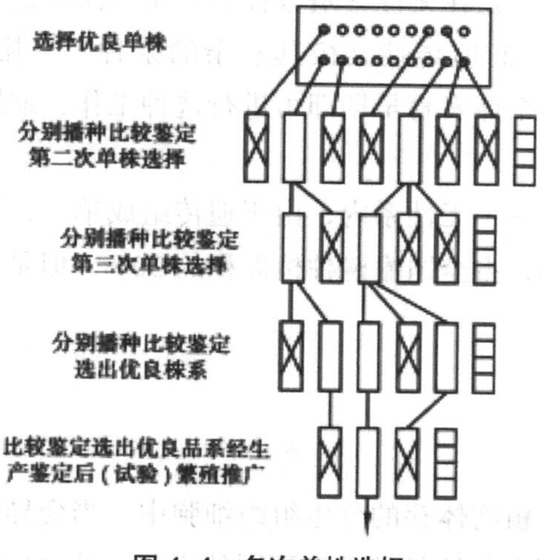

图 4-4　多次单株选择

单株选择法的优点：一是选择效果较高。由于单株选择是根据所选单株后代的表现，对所选单株进行遗传性优劣的鉴定，这样可以消除环境条件造成的影响，淘汰不良的株系，选出真正属于遗传性变异的优良类型。二是多次单株选择可以定向积累有利的变异。许多用种子繁殖的花卉，如百日草、翠菊、凤仙花、水仙等重瓣品种，就是用这种方法选择出来的。

单株选择法的缺点：第一，需要较多的土地、设备和较长的时间。由于单株选择法工作程序比较复杂，需要专门设置试验地，有些植物还需隔离，成本较高。第二，有可能会丢失一些有利的基因。因为在选择过程中，会淘汰许多的株系，其中某些个体可能含有一些有价值的基因。第三，单株选择法一次选择所得的种子数量有限，难以迅速在生产上应用。第四，异花授粉植物多次隔离授粉生活力容易衰退。

（三）无性系选择法

植物的无性繁殖，又称为植物营养繁殖，由同一植株经无性繁殖得到的后代群体，为无性系。无性系选择法是指从普通的种群中，或从人工杂交及天然杂交的原始群体中，挑选优良的单株，用无性繁殖的方式繁殖，然后对其后代进行比较、选择，从而获得新品种的方法。

无性系选择适用于容易无性繁殖的园林植物。无性系选择育种在杨树和日本柳杉等植物中应用已久。我国开展无性系选种的有杨树、柳树、泡桐、水杉等。另外，无性系选择与杂交相结合，可取得更好的结果。因为通过杂交，可以获得具有明显优势的优良单株，对其进行无性繁殖、推广，在育种过程中是一条捷径。如在杂种香水月季的育种过程中，就是用优良的品种杂交，获得杂交种子，或采集优良植株上自由授粉的种子，培育其实生苗至开花，然后根据所需性状的表现，选出优良的单株，进行无性系鉴定，将其中总评最好的无性系投入生产。

无性系选择的优点：一是在无性繁殖过程中，能够保留优良单株的全部优良性状，对那些可采用营养繁殖，而遗传性又极其复杂的杂种，采用无性系选择效果较好。二是不必等世代更替，在个体发育早期即可进行选种工作，缩短了育种年限。三是方法简单，见效快。

无性系选择的缺点：一个无性系内，由于遗传组成单一，所以适应性一般较差。如荷兰有一榆树品种 Belgin，占全国榆树种植面积的 30%，但是由于不抗荷兰榆病，在发病年份全部死亡。

（四）芽变选种

1. 芽变的概念

芽变，即突变发生在植物体芽的分生组织细胞中，当变异的芽萌生成枝条及由此枝条长成的植株在性状表现上与原品种类型不同的现象。植物的芽、叶、枝、花、果都可能发生芽变，芽变是体细胞突变的一种。对具有优良芽变的枝条或植株进行选择、鉴定，进而培育出新品种的方法，称为芽变选种。

芽变通常是由基因突变引起的，也可能由染色体变异引起。无论是无性繁殖植物，还是有性繁殖植物，都普遍存在芽变现象。我国很早就有利用优良芽变选育新品种的记载。公元 533 ~ 544 年，《齐民要术》中，记述了农民在进行枣树繁殖时“常选好味者留之”；公元 1031 年，欧阳修在《洛阳牡丹记》中，记述了牡丹的多种芽变。在国外，达尔文在对植物芽变现象进行广泛调查后指出：无性繁殖植物芽变现象具有普遍性。在园林植物中，也有很多芽变发生，如黄杨、万年青中有金心或银边的芽变，杜鹃中有各种花色的芽变，垂枝白蜡、龙柏、龙爪柳、银边六月雪等都是通过芽变选种得到的。梅花、山茶、桃花、月季、菊花等观赏植物中，也常有芽变类型出现。据不完全统计，通过芽变选种培育出来的新品种，菊花有 400 多种，月季有 300 多种，郁金香有 200 多种。

另外，还有一个需要注意的问题，园林植物的营养系内除存在由于遗传物质发生突变而引起的变异外，还存在由于土壤、气候、施肥、灌水等条件不同所造成的差异，植物本身遗传物质组成没有改变，一旦引起这种变化的环境条件消失，变异的性状就不再存在。这种由于环境条件或栽培措施的影响而产生的表现型变异，称为饰变。也叫彷徨变异。这种变异不能遗传给后代，在芽变选种过程中，重要的问题就是要比较分析变异的原因，正确鉴定芽变和饰变，把真正优良的芽变选择出来。

2. 芽变选择的意义

（1）可直接选育新品种

优良的芽变一经选出，即可进行无性繁殖，供生产利用。

（2）和杂交育种方法相比较，方法简单，见效快，便于开展群众评选

我国园林植物栽培历史悠久，资源丰富，可为开展芽变选种提供极其丰富的原始资料，也可为其他育种途径提供新的种质资源。我们应充分利用这些有利条件，采取专业机构和群众选择相结合的方法，深入细致地开展芽变选种工作，选出更多更好的产品，以满足人们的需要。

（3）改良品种

通过芽变选种，对现有的园林植物品种进行改良，以提高其商品价值。如苹果、柑橘、葡萄的无籽果实变异，大大提高了其商品价值。花冠颜色的芽变，如蓝色的月季、双色非洲菊、橙色的牡丹和白色的孔雀草，在价格上比原来的普通品种高很多。

3. 芽变的特点

（1）芽变的嵌合性

体细胞突变最初仅发生于个别细胞。就发生突变的个体、器官或组织而言，它只是由突变和未突变细胞组成的嵌合体。只有在细胞分裂、发育过程中异型细胞间的竞争和选择的作用下才能转化成突变芽、枝、植株和株系，如花卉中的“二乔”“跳枝”类型，竹类的黄金间碧玉类型就要求有某种程度的异型嵌合状态。

（2）芽变表现的多样性

芽变的表现是多方面的，有形态特征的变异、生物学特性的变异、营养器官发生变异，还有的是生殖器官发生变异。

①形态特征的变异

芽变最明显的表现是在形态特征，最容易被人们发现。如叶的形态变异，包括大叶与小叶、宽叶与窄叶、平展叶与皱缩叶、叶的颜色以及叶刺的有无等变异。花器的变异，包括花冠的大小、花瓣的多少、颜色及形状、花萼的形状等变异。枝条形态的变异，包括梢的长短、粗细、节间的长度、枝条颜色等。植株形态的变异，包括蔓生型、扭枝型、垂枝型、乔木型、灌木型及矮化型等变异。果实形态的变异，包括果实的大小、形状、果蒂或果顶特征及果皮颜色等的变异。如园林植物中出现了红叶李、红枫、六月雪、双色非洲菊、蓝色月季、垂柳、龙爪槐、铺地柏等品种，为园林丰富了种类，增添了色彩。

②生物学特性的变异

生长结果习性的变异，包括枝干生长特点、分枝角度、长短枝的比例及密度、枝梢萌芽能力及成花能力、结果习性等，这些都与树体形态和观赏价值有关。物候期的变异，包括萌芽期、开花期、种子成熟期、落叶休眠期等变异。开花期与开花次数的变异较多，利用的价值最高。抗逆性变异，包括抗病、抗虫、抗旱、抗寒、抗盐碱、耐热性等变异。其中抗寒型变异较多，利用价值也较高。育性变异，包括雄性不育、雌性不育、种胚中途败育及单性结实等变异。

（3）芽变的重演性

芽变的重演性是指同一品种相同类型的芽变可以在不同时期、不同地点、不同单株上重复发生。这与基因突变的重演性是联系在一起的，如“金心海桐”“银边黄杨”等为叶绿素的突变，过去发生过，现在也有，将来还可能会出现，并且在我国和国外都发生过。所以对调查中发现的芽变类型，要经过分析、比较与鉴定，确定其是否为新出现的芽变类型。

（4）芽变的稳定性

有些芽变很稳定，性状一旦发生改变，在其生命周期中就可以延续下去，并且不管采取哪种繁殖方式，变异的性状均能代代相传，这就是芽变的稳定性。

（5）芽变的可逆性

芽变的可逆性又称为回归芽变。有些芽变，虽然不经过有性繁殖，但在其继续生长发育过程中，可能失去芽变性状，恢复为原有类型，这种变异特点，为芽变的可逆性。如树梅上产生无刺的芽变，但从无刺的枝条上采条繁殖时，后代全部都是有刺的。究其原因，一方面与基因突变的可逆性有关，另一方面与芽变的嵌合体有关。

（6）芽变的局限性和多效性

芽变一般是少数性状发生变异，是原类型遗传物质发生突变的结果。因为在自然条件下，基因突变的频率很低，且多个基因同时发生突变的概率非常小，所以这种突变引起的变异性状是有局限性的。如月季品种中，“东方欲晓”是“伊丽莎白”的芽变品种，它们只是花色不同，其他性状基本是一致的。但是，也有少数芽变，它们发生变异的性状有时不是几个而是几十个，这些性状之间可能是基因的一因多效的关系。

4. 芽变选种的方法

（1）芽变选种的目标

由于芽变选种是以原有的优良品种为对象，进一步发现更优良的变异，要求在保持原有品种优良性状的基础上，通过选择，修缮其个别缺点，或者是获得具有有利的特殊性状的新类型，所以育种目标的针对性要强，且简单、明确。例如，月季，花大色艳，适应性强，四季开花，花香浓郁，此时的育种目标应注重特殊花色的选择，如白色、黄色、蓝色、黑色、绿色等。

（2）芽变选种的时期

芽变选种原则上在植物整个生长发育过程中的各个时期均可进行观察和选择。但为了提高芽变选种的工作效率，除了进行经常性的观察和选择外，还必须根据育种目标的要求，抓住最易发生芽变的关键时期，进行集中选择。如要想得到开花期提前或延迟的类型，应在初花期前或终花期后进行观察和选择；选择抗逆性强的类型，应在自然灾害发生后或在诱发灾害的条件下进行观察和选择。

（3）分析变异，筛选出饰变

在芽变选种的过程中，对于发现的变异，首先要区分它是芽变还是饰变。所以，最好在鉴定之前，先通过分析筛出显而易见的饰变，肯定具有充分证据的优良芽变，然后对不能肯定的变异个体进行鉴定，这样可以节省土地及人力和物力。一般从以下几方面进行分析。

①变异的性质

一般来讲，质量性状不容易受环境条件的影响，所以只要是典型的质量性状变异，即可判断为芽变。如花色的变异、育性的变异等可判定为芽变。

②变异体发生的范围

变异体是指枝变、单株变和多枝变。如果在不同地点、不同栽培技术条件下，出现多株相同的变异，就可以排除环境条件和栽培技术的影响，肯定为芽变；对于枝变，观察它是否为嵌合体，如果为明显的扇形嵌合体，则肯定为芽变；如果是单株变异，则可能为芽变，也可能为饰变，还需要进行进一步分析。

③变异的方向

凡是与环境条件的变化不一致的，则可能为芽变。如在病害流行的年份，大部分植株被感染，个别植株未被感染，表现出较强的生命力，可能为芽变。

④变异的稳定性

芽变的表现一般是比较稳定的，而饰变只有在能引起饰变的环境条件下存在，该条件不存在时，变异就会消失。所以，通过了解变异性状在历年的表现，结合分析其所处环境条件的变化，对变异作出正确的判断。

⑤变异的程度

如果是饰变，它的变化范围应该是在某一基因型的反应范围之内，超出这个范围，就可能是芽变。

⑥变异性状间的相关性

有些数量性状的变异，可利用同时出现的与其具有相关性的质量性状或较稳定的数量性状的变异，进行间接的分析判断。

（4）芽变的鉴定

通过分析，对可能为芽变的个体，还要进行进一步的鉴定。鉴定的方法有以下两种。

①直接鉴定法

直接检查其遗传物质，包括染色体的数目、染色体的组型、DNA的化学测定。这种方法可以节省大量的人力、物力和时间，但是有些变异如基因突变用这种方法不能鉴定，况且还需要一定的设备和技术，所以在生产上很难大量地推广使用。

②间接鉴定法

将变异部分通过嫁接、扦插或组织培养等方式分离出来，进行繁殖，并与原品种类型种植在相同的环境条件下，鉴定变异的稳定性，如果变异性状能稳定遗传，则为芽变。这种方法简单易行，但需要大量的人力、物力和较长的时间，在生产上应用得较多。

（5）芽变选种的程序。

芽变选种分两级进行：第一级从生产园或花圃中选出优良的变异类型，包括单株变异和枝变，为初选阶段；第二级是对初选的变异类型进行无性繁殖，然后进行比较、鉴定、选择，包括复选阶段和决选阶段（图4-5）。

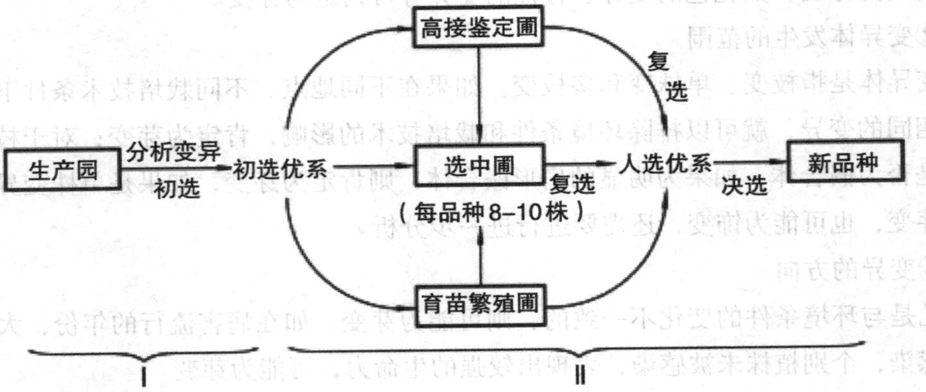

图4-5　芽变选种的一般程序

①初选

初选一般是从生产园或花圃中进行，为目测预选。为了挖掘优良的变异，要将经常性的专业选种和群众性选种结合起来，由专业人员向群众宣传芽变选种的意义，讲解芽变选种的基本知识和基本技能，建立必要的选种组织，根据已确定的选种目标，开展多种形式的选种活动。在花圃中，对符合育种目标要求的植株进行编号并作出明显的标志，填写记载表格，然后由专业人员进行现场调查，对记录材料进行整理，并选好生态环境相同的对照树，对变异体进行分析。对有充分证据可以肯定为饰变的，应及时淘汰；对变异不明显或不稳定的，要继续观察，如果枝变的范围太小，不足以进行分析鉴定，可通过修剪、嫁接、组织培养等方式，使变异部分迅速膨大后再进行鉴定；对变异的性状十分优良，但不能证明是否为芽变，可先进入高接鉴定圃，进一步观察其性状表现，再确定下一步的工作；对有充分证据可以肯定为优良芽变，但还有一些性状并不十分了解，可不经过高接鉴定圃，直接进入选种圃；对有充分证据可以肯定为优良芽变而且没有相关的劣变，可以不经过高接鉴定圃和选种圃，直接进入决选；对于嵌合体形式的优良芽变，应先使其分离纯化，成为稳定的突变体后，再进行下一步工作。

②复选

这个阶段是对初选中所选植株再次进行评选，主要在选种圃进行，包括高接鉴定圃和选种圃。高接鉴定圃的作用是为深入鉴定变异性状及变异的稳定性提供依据，同时为扩大繁殖准备接穗材料。在高接鉴定中，为了消除砧木的影响，所用钻木必须力求一致，并且在同一砧木上嫁接对照，高接时应注意选用钻木的中上部、发育健壮、无病虫害的良好枝条。高接鉴定圃一般比选种圃开花早，特别是对变异较小的枝变，通过高接鉴定可以在较短的时间内为鉴定提供一定数量的花，但容易受中间钻的影响，而且不能全面鉴定树体结构的特点，所以高接鉴定的同时仍需在选种圃再次进行鉴定。选种圃的主要作用是全面、精确地对芽变系进行综合鉴定。因为在选种初期往往只注意特别突出的少数优良性状，容易忽视一些微小的数量性状的变异，同时还要了解所选个系对环境条件和栽培技术可能有的不同反应和要求，所以，在投入生产之前，在选种圃对各芽变单系进行系统的观察、鉴定、比较，获得一个比较全面的鉴定材料，为繁殖推广提供可靠依据。选种圃要求土地平整，土质肥力均匀一致，将选出的多个芽变系和对照进行种植，每系一般以 10 株为宜（不得少于 10 株），单行小区，每行 5 株，株行距根据株型来定两次重复，同时要求品系确切，严防混杂，苗木年龄一致，生长势相近。在圃地周围可用对照品种作保护行。对照品种用原品种的普通类型，钻木宜用当地习用类型。在选种圃内应逐株建立田间档案，进行观察记录，从开花的第一年开始，连续 3 年（不得少于 3 年）的组织鉴定，对花、叶及其他性状进行全面的评价，同时与其母树及对照品种进行对比，将结果记录入档，根据鉴定结果由负责选种单位写出复选报告，将最优秀的品系确定为复选入选优系，提交上级部门组织决选。为了对不同单系进行风土条件适应性的鉴定，要求尽快在不同的地区进行多点试验。对个别认为可靠的初选优良单株也可在进入选种圃的同时，进行多点试验。

③决选

选种单位对复选合格的品系提出复选报告后，由主管部门组织有关人员进行决选的评审工作。参加决选的优良单系，应由选种单位提供以下完整的资料和实物。

a. 该品系的来源、选育历史、群众评价及发展前途的综合报告。

b. 该品系在选种圃内连续 3 年的鉴评结果。

c. 该品系在不同自然区内的生产试验结果和有关的鉴定意见。

d. 该品系及与其对照的实物。

经过评审，各方面都认为该品系确实为有发展前途的品系，然后由选种单位命名，由组织决选的主管们作为新品种予以推荐公布，可在规定的范围内推广。选种单位在发表新品种时，应提供该品系的详细说明书。

第四节　园林植物有性杂交育种

一、杂交育种的概念及分类

基因型不同的类型或个体间配子的结合叫作杂交。杂交育种（Crossbreeding）是通过两个遗传性不同的个体之间进行有性杂交获得杂种，继而选择培育以创造新品种的育种方法。

根据杂交亲本亲缘关系的远近，可分为近缘杂交和远缘杂交。近缘杂交是品种内、品种间或类型间的杂交；远缘杂交是种间、属间，或地理上相隔很远不同生态类型间的杂交。根据杂交效应的利用方式可分为组合育种和优势育种。组合育种是“先杂后纯”，培育的新品种在遗传上是纯合体，其种子可连续种植；优势育种是“先纯后杂”，培育的新品种在遗传上是杂合体（F 代），需要年年制种。

二、杂交育种的意义

1. 杂交育种是创造新品种新类型的重要手段

通过杂交育种，可以把 2 个或多个亲本的优良特性结合于杂种，把野生的优良性状输送到栽培品种中，把不同种间、属间的性状集中于杂种，从而培育新品种。如现代月季是由一季开花的法国蔷薇（Rosa gallica）、百叶蔷薇（R. centifolia 花的月季花（R. chinensis）、香水月季（R. odorata）等品种集中了多个亲本的优良性状而培育的，其类型丰富，虽然有育种方法不断出现，但杂交育种在植物育种上仍然很重要，特别园林植物新品种绝大部分仍来自杂交育种。

2. 杂交育种可加速生物进化

在自然界不同基因型的植物间杂交是经常发性，通过自然选择使植物向着适应自然方向进化杂交育种可创造植物进化的条件，促进植物的进化如蔷薇属全世界原来共约150 个种，现在通过多次杂交多个品种，蔷薇属的品种已经大幅增多，其中我国四季开花的有月季花和香水月季。

3. 杂交育种可使植物向着人类需要的方向发展

在自然界中，植物在自然选择的作用下，向着有利于自身的繁衍和生存的方向发展。而杂交育种是以满足人类的需要为目的，并使植物沿着此方向发展。通过杂交育种，观赏植物的花色越来越鲜艳、花型越来越丰富、姿态越来越美、观赏价值越来越高。杂交育种方法适用于绝大部分园林植物，无论是自花授粉植物、常异花授粉植物还是异花授粉植物，只要植株间杂交可产生正常后代，就可应用杂交育种方法。自花授粉植物如香豌豆等，其自然个体往往是纯合的，选择的余地不大，杂交可以出现新的变异类型。由于自花授粉的习性，该类植物杂种后代的纯化与选择工作大为简化，因此，杂交育种特别适用于自花授粉植物。对于异花授粉植物与常异花授粉植物，其自交后代可能产生衰退，育种的难度可能会大一些，但只要科学计划、精心管理，同样可以使植物向着人类需要的方向发展。

三、杂交亲本选择与选配

杂交的目的是将不同的性状组合到同一植株中，父母亲本是获得目标品种的内在物质基础。因此，对亲本进行正确的选择与选配是杂交育种获得成功的首要保证。

亲本选择，是指根据育种目标从原始材料中选择优良的品种类型作为杂交的父母本。亲本选配则是指从入选的亲本中选择适合的品种类型配组杂交。在单交中选择合适的父母本，在复交中还需确定品种类型杂交的先后顺序，在回交中则需正确确定轮回亲本与非轮回亲本。

1. 亲本选择的原则

（1）明确亲本选择的目标性状，分清主次

杂交育种工作中往往会同时涉及多个性状，要求主要性状要有较高水平，次要性状不低于一般水平。园林植物的育种往往是以较高的观赏价值为其目标，这一目标是由多个性状合成的复合性状。如对一、二年生草本花卉来说，其观赏性由花色、花径、花期、花数、株幅、株型、株高等性状综合决定。因此在进行杂交育种时应从广泛搜集的原始育种材料中，确定重点目标性状，同时对次要性状确立最低水平，这样才能做到有的放矢，高效率地达到育种的目标。

（2）亲本具有尽可能多的优良性状

优良性状较多而不良性状少，便于选择与之互补的亲本，从而在短期内可达到预期的育种目标。若亲本具有高遗传力的不良性状，则对其后代不良性状的改造更加困难，一般应避免选用这种材料作为亲本。此外还要选择优良性状连锁在一起的品种作为亲本，最好不选优良性状和不良性状连锁在一起的品种作为亲本，如果必须要选，则应选择交换值较大的品种作为亲本。

（3）亲本优良性状的遗传力要强

亲本优良性状的遗传力越强，则其杂交后代中优良性状出现的可能性越大，优良性状的保持越容易，就越容易选择出合乎目标的新品种。例如，小叶杨的抗旱性和抗寒性，箭杆杨、钻天杨的窄冠性遗传力较强，在培育抗寒、耐旱、窄冠的杨树品种时，可以考虑采用它们作为亲本。又如，月季中的中国古老品种“秋水芙蓉”在连续开花性、鲜艳花色、重瓣性上具有较强的遗传力，而我国原产野生蔷薇种“极春刺玫”在抗寒、抗旱、抗病等方面具有较强遗传力。

在性状遗传力上存在的规律为：一般来说，野生种比栽培种、老的栽培品种比新的栽培种、当地品种比外来品种、纯种比杂种、成年植株比幼年实生苗、自根植株比嫁接植株等的遗传传递能力要强。另外，母本对杂种后代的影响常比父本要强，因此要尽可能选择优良性状较多的品种作母本。

（4）重视选用本地的种质资源

我国园林植物经过几千年的栽培选育，在很多植物中形成了各具特色的地方品种，这些地方品种对当地的自然条件与栽培条件具有良好的适应性。在杂交育种工作中使用当地品种有助于增强品种的适应性。

2. 亲本选配的原则

（1）父母本性状互补

父母本性状互补是指一方亲本的优点应在很大程度上能克服另一方亲本的缺点，则二者杂交组合才可能出现符合育种目标的后代。杂交亲本可以具有相同的优点，但一定要避免共同的缺点。例如，上海植物园用花型大、色彩多但花期晚的普通秋菊与花型小、花色单调但花期早的五九菊杂交，结果综合了双亲的优点，育成了花型大、花色多、花期早的早菊新品种。

需要注意的是，由于性状遗传的复杂性，性状互补的杂交组合并不一定就能得到性状互补的后代。例如，矮牵牛中花大、花疏的品种与花小、花密的品种杂交，并不一定能得到花大而密的新品种，而往往是伴随着花数增多，花径会减小。

（2）选择地理上起源较远、生态型差别较大的亲本组合

不同生态型、不同地理起源的品种具有不同的亲缘关系，亲本间的遗传基础差异大，杂交后代的分离比较大，往往容易分离出超越亲本的杂种优势或适应性和抗逆性强的优

良性状。例如，杂种香水月季就是中国月季与欧洲蔷薇杂交育成的；目前世界栽培最广泛绿化树种双球悬铃木（英国悬铃木），是由生长在美国东部的单球悬铃木（美国悬铃木）与生长在地中海西部地区的多球悬铃木（法国悬铃木）杂交育成的，其表现出生长迅速、冠荫浓郁、适应性强等优良性状；地被菊杂交育种中，亲本“美矮粉”源自美国，而父本“毛华菊”来自我国，以这两个亲本为基础，已育出了几十个优良的地被菊品种。

（3）选择具有较多优良性状的亲本为母本

以具有优良性状多的亲本作为母本，杂交后代中出现综合性状优良的个体就会较多。我们知道，母本既提供核遗传物质也提供胞质遗传物质，而父本只提供核遗传物质。因此，对表现为胞质遗传特性的性状如紫茉莉花叶、楼斗菜的重瓣性等，在亲本选配中，要将具有胞质遗传特性性状的亲本作为母本，以加强该性状在后代中的传递。实际工作中，当用栽培品种与野生品种杂交时，一般都用栽培品种作为母本；本地品种与外地品种杂交时，通常用本地品种作为母本。

（4）与一般配合力高的亲本配组

一般配合力指某一亲本品种或品系与其他品种杂交所得杂交组合某一数量性状的平均表现。一般配合力反映了该品种与其他品种杂交产生优良杂种后代的能力，通常情况下，一般配合力越高，与其他品种杂交得到优良后代的可能性越大。一个一般配合力高的品种，自身并非一定具有优良性状；有优良性状也并不一定就有较高的一般配合力。因此不能完全依据性状来预测一般配合力，而需要进行专门的配合力测验试验，分析了解某一品种一般配合力的高低。

（5）亲本的育性及亲本杂交亲和力

父本、母本的性器官均发育健全，但由于雌雄配子间相互不适应而不能结籽，这种情况叫杂交的不亲和性。因此，应注意选配杂交亲和性高的杂交组合。园林植物中有许多品种为奇数多倍体、非整倍体和染色体结构变异的类型，还有许多重瓣品种是由于雌、雄蕊严重瓣化，不能进行正常的有性繁殖，应避免选为亲本。某些花卉植物，如菊花、郁金香、百合等有自交不亲和的表现，选配亲本时，应注意其来源，不能选配亲缘关系太近的种类作为亲本组合。

（6）分析亲本的遗传规律

如果亲本所具有的目标性状为显性性状，则在杂种一代就表现并分离出来；如果是隐性性状则必须使杂种自交，才能使性状表现出来；如果目标性状是数量性状，则杂种后代表现连续的变异，此时应考虑此性状的遗传力大小。在进行亲本选配时，应该尽量对目标性状的遗传规律有一定的认识，才有利于目标性状的保持和出现。如三色堇的纯色品种（无花斑）为隐性性状，若要保持这一性状，另一亲本也宜选纯色品种，否则杂种后代中会出现大量花斑类型，增加后代的选育工作量。

园林植物的种类异常丰富，观赏性状的遗传又极其复杂，许多遗传变异规律尚在探索之中，因此在实践中应尽可能多选配一些组合，以增加理想类型出现的机会。

四、杂交技术

（一）植株上授粉

1. 去雄分段凡是两性花，为防止母本发生自交，必须在杂交前除去母本花中的雄蕊，此步骤称为去雄。去雄一般在花朵开放前 1 ~ 2d 进行，闭花授粉的植物应提前 3 ~ 5d。此时花蕾比较松软，花药多绿黄色。去雄时，可先用手轻轻地剥开花蕾，然后用镊子或尖头小剪刀剔去花中的雄蕊，注意不要把花药弄破。去雄要彻底，特别是重瓣花品种，要仔细检查每片花瓣的基部，是否有零星散生的雄蕊。操作时要小心，不要损伤雌蕊，花也要尽量少伤。如果连续对多个材料去雄，则要将镊子等工具用 70% 的酒精消毒。菊科植物因花药很小，可用喷壶冲洗花序，但以这种方式去雄的后代务必认真剔除假的杂种。

去雄的花朵以选择植株的中上部和向阳的花为好。每枝保留的花朵数一般以 3 ~ 5 朵为宜。种子和果实小的可适当地多留一些，多余的摘除，以保证杂种种子的营养。

2. 隔离

去雄后立即套袋以防止天然杂交，隔离袋的材料必须轻、薄、防水、透光、透气。一般采用透明的亚硫酸纸和玻璃纸，虫媒花可用细纱布做袋子。对于不去雄的母本花朵（如自交不孕或雌雄异花、异株的类型）亦必须套袋，以杜绝其他花粉授粉的可能性。套袋后挂上标签，用铅笔注明去雄日期。

3. 授粉

去雄后要及时观察雌蕊发育情况，待柱头分泌黏液而发亮时即可授粉。对虫媒花，授粉时将套袋的上部打开，用毛笔、棉球或圆锥形橡皮头蘸取花粉涂抹于柱头上。授粉后立即将套袋折好、封紧。风媒花的花粉多而干燥，可用喷粉器喷粉。为确保授粉成功，最好连续授粉 2 ~ 3 次。授粉后在标签上注明杂交组合、授粉日期等。数日后，柱头萎蔫，子房膨大，已无受精的可能时，说明杂交成功，可将套袋去除，以免妨碍果实生长。

（二）室内切枝杂交

种子小而成熟期短的某些园林植物，如杨树、柳树、小菊等可剪下花枝，在室内水培杂交。剪取健壮枝条，如杨树雄花枝应尽量保留全部花芽，以收集大量花粉；雌花枝则每枝留 1 ~ 2 个叶芽和 3~5 个花芽，多余的摘除，以免过多消耗枝条养分，影响种子的发育。把剪修好的枝条插在盛有清水的广口瓶或其他容器中，每隔 2 ~ 3d 换 1 次水，如发现枝条切口变色或黏液过多，必须在水中修剪切口。室内应保持空气流通，防止病虫发生。去雄、隔离和授粉等步骤与上述相同。

（三）杂交后的管理

杂交后要细心管理，创造良好的有利于杂种种子发育的条件，并注意观察记载，及时防治病虫害和防止人为的破坏。

杂交种子成熟情况随品种而异，有的分批成熟，要分批采收。对于种子细小而又易飞散的植物，或幼果发育至成熟阶段易被鸟兽危害的植物，在种子成熟前要套上纱布袋。种子成熟采收时需要将种子或果实连同标签一起放入牛皮纸袋中，并注明收获日期，分别脱粒贮藏。

（四）杂交后代的培育与选择

1. 杂交后代的培育

杂种的贮藏、催芽处理以及播种管理等具体方法，与一般栽培育种技术基本相同。在培育过程中还要注意以下几个问题。

（1）提高杂种苗的成活率，提高种子出苗率、成苗率是培育杂种苗的一个首要前提。为此，一般都采用在温室内盆播、箱播或营养钵育苗的方法。同时注意培养土的配制、消毒。移植时尽量带土，精细管理。

为了避免混杂或遗失，播种需要前先对种子编号登记。播种按组合进行，播种后插好标牌，标记杂交组合的名称、数量。绘制播种布局图，做好记载工作。

（2）培育条件均匀一致为了减少因环境对杂种苗的影响而产生的差异，要求培育条件均匀一致，以便正确选优汰劣。

（3）根据杂种性状的发育规律进行培育杂种的某些性状在不同的环境条件下、不同的年龄时期都可能有不同的反应和表现，培育条件应适应这个特点。例如，一般重瓣性只有在营养条件充分得到满足时才能得到表现。又如，有些园林树木的抗寒力，一般幼年时期比较弱，随着树龄的增加而得到加强。因此，虽然是抗寒育种也应在幼年期给予适合的肥水条件以及必要的保护措施。

（4）做好系统的观察记载。从杂种一代起就要系统观察，记载各杂交组合的有关内容。对园林植物主要记载内容为：萌芽期、展叶期、开花初期、开花盛期、开花末期、落叶期、休眠期等物候期；植株高度、花枝长度、叶形、茎态、花径、花型、瓣型、花色、花瓣数、雌雄蕊育性、香味、有无皮刺等植物学性状；抗寒性、抗旱性、抗污染等抗逆性性状；产花量、品质、综合观赏性、贮运特性等经济性状。通过观察、记载及分析，可以掌握杂种的具体表现，有利于选出优良后代。

2. 杂交后代的选择

园林植物大多进行异花授粉，亲本本身往往存在高度的杂合性，所以杂种一代就发生分离，这样在杂种一代就可以进行单株选择。如选出符合要求的优良单株，能无性繁殖的可以建立无性系。如不能无性繁殖的，可以选出几株优良单株，在它们之间进行授粉杂交，再从中选出优良单株。

对木本植物来说，杂种的优良性状往往要经过一段生长时间才能逐步表现出来，一般要经过3～5年观察比较。特别是初期生长缓慢的树种，时间更要放长一些，不可过早淘汰。

杂种后代的选择，要在实生苗的各种性状表现明显的物候期进行观察比较，例如早花的选择在孕蕾期，月季经济性状的选择重点在花期等。

（五）杂种优势的利用

1. 利用杂种优势的基本条件

（1）有纯度高的优良亲本品种或自交系，一般来说，亲本纯合度越高，代杂合度就越高，杂种优势越强。园林植物中的自花授粉植物或自交不亲和的花卉，本身基本上是纯合的，可直接采用品种间杂交的方法产生F代种子。而异花授粉的植物则应通过建立自交系或“三系”（不育系、保持系、恢复系）的方法使亲本纯合。

（2）选配强优势组合，一般应选双亲遗传差异大、表现优良、配合力高、适应性强的杂交组合。要通过多次组合筛选，经过多年、多点的试验才能确定优势强的杂交组合。

（3）亲本繁育和制种工序简便，种子生产成本低，生产上大面积使用杂交种时，必须建立相应的种子生产体系（这一体系包括亲本繁殖和杂交制种两个方面），以保证每年有足够的亲本种子用来制种，以及有足够的F代种子供生产使用。特别是制种方法必须简便，以降低杂种生产成本，便于推广利用。

2. 利用杂种优势的途径（杂交种子的生产）

（1）人工去雄对于去雄和授粉方便，杂交一朵花可获得大量种子的植物，可采用人工去雄的方法。如雌雄异花的玉米、自花授粉的烟草等。雌雄同花的观赏植物，若其雄蕊数较少，雄蕊较大，也可用这种方法，如君子兰、杜鹃、百合等。

（2）化学杀雄。化学杀雄是在植物花粉分化以前或在花粉发育过程中，使用某些化学药剂，破坏植物雄配子形成过程中细胞结构及正常生理功能而造成雄蕊不育，达到去雄目的。目前发现的化学杀雄剂有顺丁烯二酸联氨（MH）、2，4-D、萘乙酸（NAA）、赤霉素、核酸钠等数十种。因为各种药物对不同植物或同一种植物不同发育时期的反应有差别，气候条件对杀雄效果也有影响，残毒无法根除，对人、畜造成威胁，所以化学药剂杀雄制种还有待研究。

（3）利用自交不亲和性有些异花授粉植物，它们的雄蕊虽然正常，能产生有育性的花粉，但自交不结籽或结籽很少，称为自交不亲和性。利用这样的植物为母本，可省去去雄工作。如果双亲都用自交不亲和性，就可互为父、母本，2个亲本上采收的种子都是杂交种。

（4）标志性状的利用。给父本选育或转育一个苗期出现的显性性状，给母本选育或转育一个苗期出现的隐性性状，父、母本放任杂交，从母本上可收获自交的或杂交的两种种子。播种后根据标志性状间苗，除去具有隐性性状幼苗即假杂种，留下具有显性性状的幼苗，这些留下的幼苗植株就是杂种植株。

（5）利用单性株制种、选育单性株系作为母本生产杂交种子，可使去雄工作降至最低限度，从而减少制种成本。目前这一方法已在一些瓜类植物中得到很好的应用。

（6）利用雄性不育系作为母本杂交制种，可以省去人工去雄的麻烦，是目前广泛采用的方法。

①选育不育系和保持系。首先要获得质核型不育植株，通过自然突变、远缘杂交、人工诱变等均可产生不育植株，还可直接从外地引入不育植株。然后用同类型的优良品种 A 为父本与不育植株多次回交，通过核基因代换的方式，得到 A 品种的不育系，同时，A 品种为其保持系。用同样的方法，可得到 B 品种的不育系，则 B 为保持系。

②选育恢复系。恢复系的选育有多种方法，一般多用测交筛选法。用多个类型的优良品种为父本和不育系分别杂交，然后对全部后代进行观察比较，选出观赏价值高，综合性状好，表现优越的父本，此父本即为恢复系。园林植物不同于大田作物，F1 代是否结籽，则显得不甚重要。

③“三系”配套利用，配制杂交种要“三系”配套。雄性不育系作为配制杂种的母本，雄性不育恢复系作为配制杂种的父本，而雄性不育保持系，则作为专门繁殖不育系的父本，如图 4-6 所示。

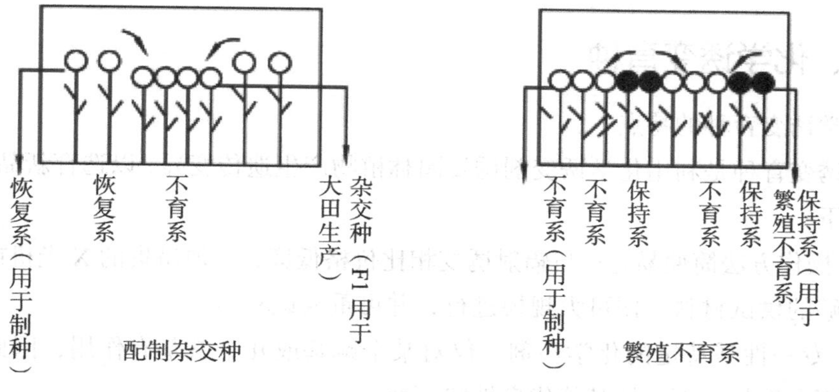

图 4–6“三系两区”生产 F 配套利用示意图

3. 制种管理及注意事项

（1）制种区良好的环境条件。制种区要求良好的栽培条件和先进的栽培措施，有利于获得大量的种子；还有安全隔离防止非父本的花粉干扰，有利于提高杂种种子的纯度和质量。如有可能，最好选择在不同的地方配制不同亲本的 F 代杂种，或者将不同组合分散给经过专业培训的农户制种，公司负责供给亲本，一个农户制一个种，以保证制种质量。

（2）确保纯正的自交系。选制种区的父、母本要认真去杂去劣，保持种性。对于异花授粉植物，随着自交系的不断提高，自交系的生活力和抗逆性等往往会出现衰退，可适当采用自交系内姊妹株间杂交以增加其活力。

（3）合理播种。在制种区内，父、母本分行相间种植。在保证有足够父本花粉供应的前提下，应尽量增加母本的行数，以便多采收杂种种子，从而降低种子生产成本。

父母本播种的时间必须保证父、母本的花期相遇，这是杂交制种成败的关键。另外，制种区要力争做到一次性播全苗，这样既便于去雄授粉，又可提高种子收获量。播种时必须严格将父本行和母本行区分开，并做好记录，避免错行、并行、串行或漏行。

（4）采用相应的去雄方法。根据植物的特点和去雄授粉技术的掌握情况，采用相应的去雄授粉方法，做到去雄及时、干净，授粉良好。对于一些自然授粉效果不佳的植物，可辅以人工授粉，以提高实率，增加种子产量。

（5）种子成熟后要及时采收。根据父、母本的特点，进行分收、分藏，并编上号码，严防人为混杂。采收杂种种子自然晾干后，进行筛选，除去瘪粒，然后将纯净饱满的杂种种子进行相应的技术处理（如制作包衣等），分装销售。

第五节　园林植物透变及倍性育种

一、化学诱变育种

1. 化学诱变育种的特点

化学诱变育种是利用化学诱变剂诱发园林植物产生遗传变异，以选育新品种的技术。其特点如下：

（1）操作方法简便易行，与辐射诱变相比价格低廉，无须昂贵的 X 光机或射线源，只要有足够的供试材料，便可大规模进行，并可重复试验。

（2）专一性强特定的化学药剂，仅对某个碱基或几个碱基有作用，因此可改变某品种单一不良性状，而保持其他优良性状不变。

（3）化学诱变剂可提高突变频率，扩大突变范围。化学诱变可诱变出自然界往往没有或很少出现的新类型，这就为人工选育新品种提供了丰富的原始材料。

（4）诱变效应多为点突变，化学诱变剂是靠其化学特性与遗传物质发生一系列生化反应发生作用的，多为基因点突变，且有迟发效应，在诱变当代往往不表现，在诱导植物的后代，才表现出性状的改变。因此，至少需要经过两代的培育、选择，才能获得性状稳定的新品种。

（5）诱变后代的稳定过程较短，可缩短育种年限经过化学诱变剂处理后，用种子繁殖的一、二年生草花，一般 F 代就可稳定，经 3 ~ 6 代即可培育出新品种。天然异花授粉或常异交植物，应注意防止种间或品种间天然杂交引起后代分离。对木本、宿根花卉和能用无性繁殖的植物，应采用营养繁殖以保持其品种特性。

2. 常用化学诱变剂的种类

（1）烷化剂。烷化剂是诱发栽培植物突变最重要的一类诱变剂。常用的种类有甲基磺酸乙酯（EMS）、硫酸二乙酯（DES）、亚硝基乙基烷（NEH）、亚硝基乙基脲烷（NEU）、乙烯亚胺（EI）等。

烷化剂的作用是具有烷化作用，通过反应，使 DNA 键断裂或使碱基从 DNA 链上裂解下来，造成 DNA 的缺失及修补，致使遗传物质结构功能改变，引起有机体变异。

（2）核酸碱基类似物具有与 DNA 碱基类似的结构。常用的有 5- 溴尿嘧啶（5-BU）、5- 溴去氧尿嘧啶核苷（5-BUdR）、2- 氨基嘌呤（2-AP）、8- 氮鸟嘌呤、咖啡碱、马来酰肼（MH）。

碱基类似物不妨碍 DNA 复制，可以作为组分渗入 DNA 分子中去，使 DNA 复制时发生偶然的配对上的错误，从而引起有机体的变异。

（3）其他诱变剂。报道的药剂种类较多，如亚硝酸（HNO_2）在 pH=5 以下的缓冲液中，能使 DNA 分子的嘌呤和嘧啶基脱去氨基，使核酸碱基发生结构和性质的改变，复制时不能正常配对，造成 DNA 复制紊乱。羟胺（NH_2OH）、吖啶类（嵌入剂）、叠氮化钠（NaN_3）、秋水仙碱、石蒜碱等物质，均能引起染色体畸变和基因突变。

3. 化学诱变的方法

（1）操作步骤和处理方法。

①药剂配制、诱变处理时通常先将药剂配制成一定浓度的溶液。如硫酸二乙酯在水中不溶解，可先用少量 70% 酒精溶解，再加水配成所需浓度。有些药剂如烷化剂类能与水起水化作用，产生无诱变作用的有毒化合物，配好的药剂不能贮存，最好加入 0.01mol/L 磷酸缓冲液，pH 分别为：EMS 和 DES 为 7，NEH 为 8。亚硝酸在使用前用亚硝酸钠加入 pH=4.5 的醋酸缓冲液中生成硝酸使用。

②试材预处理，在化学诱变剂处理前，将干种子用水预先浸泡。浸泡后种子即被水合，从种子中析出游离代谢物和萌芽抑制物等水溶性物质，使细胞代谢活跃，提高种子对诱变剂的敏感性，浸泡还可提高细胞膜的透性，加快对诱变剂的吸收速度。如能在水中加入适量生长素，更可提高诱变效果。

③药剂处理，根据诱变材料的特点和药剂的性质，处理方法有以下几种。

a. 浸渍法。

将种子、枝条、块茎等浸入一定浓度的诱变剂溶液中，或将枝条基部插入溶液，通过吸收使药剂进入体内。

b. 涂抹或滴液法。

将药剂溶液涂抹或缓慢滴在植株、枝条或块茎等处理材料的生长点或芽眼上。

c. 注入法。

用注射器将药液注入材料内，或先将材料人工刻伤成伤口，再用浸有诱变剂溶液的棉团包裹切口，使药液通过切口进入材料内部。

d. 熏蒸法。

在密封的容器内使诱变剂产生蒸汽，对花粉等材料进行熏蒸处理。

e. 施入法。

在培养基中加入低浓度诱变剂溶液，通过根吸收进入植物体。

（2）影响化学诱变效应的因素。影响化学诱变效应的因素除诱变剂本身的理化特性和被处理材料的遗传类型及生理状态外，还有以下几点。

①浓度与处理时间

适宜的处理时间，应使被处理材料完全被诱变剂浸透，并有足够药量进入生长点细胞。种皮渗透性差时，应适当延长处理时间。低温低浓度或在诱变剂中加缓冲液时，可长时间处理。对易分解的诱变剂，只能用一定浓度在短时间内处理。

②温度

温度对诱变剂的水解速度有很大影响，随着温度的降低，诱变剂水解半衰期大大延长，从而能与材料发生作用。但当温度增高时，可促进诱变剂在材料体内的反应速度和作用能力。因此，一般先在低温（0 ~ 10℃）下浸泡种子，使诱变剂进入胚细胞，然后再转入新鲜诱变剂溶液内，在 40℃下进行处理。

③溶液 pH 及缓冲液的使用

烷基磺酸酯和烷基硫酸酯等诱变剂水解后产生强酸，如亚硝基甲脲在低 pH 时分解产生亚硝酸，在碱性下则产生重氮甲烷，故用一定 pH 的磷酸缓冲液在处理前和处理中校正溶液 pH，可提高诱变剂在溶液中的稳定性，浓度不宜超过 0.1mol/L。

（3）化学诱变处理应注意的问题

①安全问题

绝大多数化学诱变剂都有极强的毒性，能致癌、腐蚀或易燃易爆；如烷化剂中大部分属于致癌物质，氮芥类易造成皮肤溃烂，乙烯亚胺有强烈的腐蚀作用而且易燃，亚硝基甲基脲易爆炸等。因此，操作时必须注意安全，并妥善处理残液，避免造成污染。

②处理后要用清水冲洗

经药剂处理后的材料需要用清水冲洗 10 ~ 30min 甚至更长时间，以防止残存诱变剂损伤材料。也可使用硫代硫酸钠等化学“清除剂”清洗，处理的材料应立即使用。

③播种前防止种子风干，以免提高种子诱变浓度，造成损害。

4. 诱变后代的选育

经诱变处理的当代长成的植株称为第一代，以 M 表示。M 代由于有生理损伤，往往表现出一些形态和生理上的畸变，一般不遗传，如有突变的 M 代，植株大多呈隐性，因此 M 代不宜进行选择，但应精心培育，尽可能多地保留变异植株。M2 代植株出现分离，是选择的重点。为增加有益突变出现的概率，M2 代群体宜大，选择的单株应尽可能多些，对一些萌发能力强和能利用无性繁殖的园林植物，可通过多次摘心、修剪、扦插、嫁接或组织培养等方法，促进内部变异体组织暴露，使扇形嵌合体扩大并得到表现，然后进行株选或芽变选种。M 基本稳定，可鉴定后大量繁殖，并进行品种比较试验、生长试验、多点试验及区域试验，然后将品种命名，登记后方可推广应用。

二、单倍体育种

单倍体通常指由未经受精的配子发育成的含有配子染色体数的体细胞或个体。利用植物的配子体诱导单倍体植株，经染色体加倍成为纯系，然后进行选育的育种技术称单倍体育种。

1. 单倍体育种的意义

单倍体植物本身没有利用价值，但其作为育种工作的一个中间环节具有十分重要的意义。

（1）克服杂种分离，缩短育种年限

在杂交育种中，由于杂种后代不断分离，要得到一个稳定的品系，一般需要 4 ~ 6 代。再加上品种评比试验等工作，对于一年生植物，要培育出一个稳定的新品种，就需要 6 ~ 7 年甚至 8 ~ 9 年的时间。而对多年生植物，常规方法培育出新品种则需要更长的时间。如果采用单倍体育种法，采用杂种一代（F 代）或杂种二代（F2 代）的花粉进行培养，再经染色体加倍就可获得纯合的二倍体，而这种二倍体具有稳定的遗传性，不会发生性状分离。因此从杂交到获得稳定品系，只需经历两个世代的时间，一般 3 ~ 4 年即可，从而大大缩短了育种的年限。

（2）与诱变育种相结合，可提高选择的正确性和效率

单倍体植株只有一套遗传物质，在性状表现上不存在显性对隐性的掩盖。以单倍体为诱变材料，经诱变处理后，不论是显性突变还是隐性突变，在处理当代就能表现出来。一旦选出优良的突变植株，经染色体加倍便可得到纯合的突变品系，从而提高诱变育种的效果。

（3）克服远缘杂交不育性与分离的困难

远缘杂交，由于亲本的亲缘关系较远，后代不易结实，而且杂种后代的性状分离复杂，时间长，稳定慢。通过花粉培养，则可以克服远缘杂种的不育性和杂种后代呈现的复杂分离现象。因为尽管远缘杂种存在不育性，但并不是绝对不育，仍有少数或极少数花粉具有生活力。这样就可通过对这些可育性花粉的人工培养，使其分化成单倍体植株，再经染色体加倍，就可形成性状遗传稳定、纯合的二倍体新品系。

（4）快速培育异花授粉植株的自交系

在异花授粉的园林植物杂种优势利用中，为了获得自交系，按常规的方法需投入很多人力、物力，进行连续多年的套袋去雄和人工杂交等烦琐工作。如果采用花粉培养单倍体植株，经染色体加倍，只需一年时间，就可获得性状遗传稳定的纯系。

2. 单倍体植物的特点及其产生途径

（1）单倍体植物的特点

体细胞内含有配子染色体组的植物称为单倍体植物，在自然界中大多数植物都是二倍体，因此，一般认为单倍体植物的体细胞内只有一套完整的染色体。与二倍体比较其形态基本上与二倍体相似，只是发育程度较差，植株的生活力较弱，个头较矮，叶片较薄，花器较小，并且只能开花不能结实，因此单倍体植株具有高度不孕性。但是如果采用人工法将单倍体植物的染色体加倍，使其成为纯合二倍体，就能恢复正常的结实能力。而这种纯合二倍体植物是快速培育优良品种的极好材料。

（2）获得单倍体的途径

只要能诱发植物单性生殖，即可获得单倍体。获得单倍体植物的途径有以下 3 种。

①孤雌生殖，即由植物胚囊中的卵细胞或极核细胞不经受精单性发育而获得植株。

②无配子生殖，即胚囊中的反足细胞或助细胞不经受精单性发育成植株。

③孤雄生殖，即花药或花粉离体人工培养，使其单性发育成植株。

以上 3 种途径统称为无融合生殖。由于诱导孤雌生殖、无配子生殖不易进行，且诱导的单倍体频率极低，因此，在育种和生产实践中，目前主要采用花粉或花药离体培养的方法来获得单倍体植物。

（3）单倍体植株的染色体加倍

由于花粉（花药）培养出的小植株是单倍体，没有直接利用价值，但对其染色体加倍后，在育种上就会产生重要的利用价值。

花粉植株染色体加倍可在两个阶段进行：一是在试管内的培养阶段进行，二是在花粉植株定植后进行。

在试管内的培养阶段进行染色体加倍的方法有两种，具体如下。

①在培养基中加入一定浓度的秋水仙碱，使愈伤组织或胚状体的染色体加倍。但采用这种方法往往会影响愈伤组织或胚状体的诱导率及小植株的分化率。

②通过愈伤组织或下胚轴切断繁殖，使之在培养过程中染色体自然加倍。如枸杞花粉培养过程中采用此法可得到一些染色体已经加倍的小苗。

在多数情况下，对花粉植株染色体加倍是在花粉植株定植后再进行，这时可用一定浓度的秋水仙素处理小植株的茎尖生长点使其染色体加倍。

（4）花粉植株染色体鉴定和后代的选择培育

经培养获得的单倍体幼苗在定植以后，随着植株的生长，染色体有自然加倍的趋势，如果辅之人工加倍的措施，有可能加速细胞二倍化的过程。鉴定的方法有以下几种。

①观察器官

单倍体植株一般短小。

②观察细胞

单倍体植株细胞及细胞核都较小。

③检查气孔保卫细胞叶绿体数目

一般单倍体叶片和气孔都较小，叶绿体较少。

④观察染色体数目

这是最可靠的鉴定方法，采用染色体压片法，在显微镜下检查根尖、茎尖分生组织的染色体数目。

从杂交的F1代或F2代的花粉培养成的植株，由于基因型不同，存在广泛的性状分离现象。其染色体加倍后形成纯合的双二倍体，可为进一步选育提供良好的材料。由于栽培因素等影响，选育工作宜在加倍后的第二代先进行株选，在第三代再进行株系鉴定，然后进行区域试验。对表现优良的品系就可进行繁殖、推广。

三、多倍体育种

1. 多倍体的来源及意义

（1）多倍体形成途径

同源多倍体和异源多倍体形成途径基本相似，如同源四倍体可由以下3种途径发生。

①受精以后任何时期的体细胞染色体加倍而形成四倍体细胞。

②不正常减数分裂，使染色体不减半，形成2x配子，和x配子结合形成三倍体，与2x配子结合形成四倍体，通过自交方式得到4x的机会比较多。

③减数分裂后的孢子有丝分裂过程中，染色体加倍，产生2x的配子受精发育成四倍体。

异源多倍体的形成有如下3种方式。

①二倍体种属间杂交的体细胞染色体加倍。

②杂种减数分裂不正常，同一细胞中两个物种的染色体没有联合而分配到同一子细胞中产生重组核（2x）配子。

③2个不同种、属的同源四倍体杂交也可以产生异源四倍体。

同源多倍体在减数分裂时，染色体不能正常配对，易出现多价体，致使多数配子含有不正常染色体数，因而表现出育性差，结实率低的性状；异源多倍体在减数分裂时染色体能正常配对，因而自交亲和，结实率较高。

（2）多倍体育种的意义

杂合性是多倍体的基本特性，多倍体比二倍体具有更多杂合位点和更多的互作效应。多倍体比二倍体祖先更能经受起严酷的气候条件以及更能以新的方式开拓可利用的生境。主要特点是相对“巨大性”、某些营养成分含量高、可孕性低、抗性强，如4x山杨比2x的高生长增加11%，直径生长增加10%，4x百合比2x花大2/3，4x的紫罗兰、桂竹香芳香性强、蜜腺多，3x的杜鹃花期特别长。

2. 多倍体诱变

（1）诱导多倍体材料的选择，人工诱发多倍体能否成功与选用的诱导材料有密切关系，所以应特别注意选取具有良好遗传基础的类型作为亲本。亲本选择一般考虑以下几点。

①杂合性材料优于纯种材料。

②选用染色体倍数少的植物。

③选用异交植物，尤其是将多倍化与远缘杂交结合起来更有效，不仅有助于克服杂种难育性，而且可合成新的类型或新种。

④能进行无性繁殖的植物。

（2）秋水仙素诱变多倍体，人工诱变多倍体方法较多，如用温度骤变、机械损伤、电离和非电离辐射、离心力等物理方法，用萘嵌戊烷、吲哚乙酸、富民农等化学方法，但应用最广而且效果好的是秋水仙素诱变。

秋水仙素是从百合科的秋水仙属植物的一些器官和种子中提取出来的一种剧毒，植物碱分子式为 $C_{22}H_{25}NO_6$。诱变时通常以水或酒精作溶剂，其作用是使染色体在细胞分裂中不能向两极移动，从而使胞内染色体加倍。

秋水仙素诱变多倍体的方法如下。

①种子浸渍法

种子浸渍法是一种简便的方法。它是在培养器中放入一定浓度的秋水仙素溶液，其量为过种子的 2/3 为宜。然后，将干种子或开始萌动的种子浸入其中，盖上盖子，放于黑暗处。处理的时间为 1 ~ 6d 不等，但通常为 24h，时间太长容易使幼根变肥大而根毛的发生受到阻碍，从而影响幼苗的生长，最好是在发根以前处理完毕。处理完毕后应用清水洗净再播种于土中。

②点滴法（滴定法）

用滴管将秋水仙素水溶液滴在子叶、幼苗的生长点上。一般 6 ~ 8h 滴每次，若气候干燥，蒸发快，中间可加滴蒸馏水一次，如此反复处理一至数日，使溶液透过表皮渗入组织内起作用。若水滴很难在生长点处存留，可在其上置一小棉球，然后滴下。处理时应将幼苗置于暗处，并保持室内湿度。此法可使根系免于药害，药液也较节省。

③毛细管法

将植株的顶芽、腋芽用脱脂棉或纱布包裹后，将脱脂棉或纱布的另一端浸在盛有秋水仙素溶液的小瓶中，小瓶置于植株旁，利用毛细管吸水作用逐渐把芽浸透，此法一般用于大植株上芽的处理。

④羊毛脂

法用羊毛脂与一定浓度的秋水仙素溶液混合成膏状，将软膏涂于苗的生长点即可。另外，也可用琼脂代替羊毛脂，使用时稍加温后涂于植物的生长点处，作为琼脂被膜，其效果与羊毛脂相同。

⑤球根处理

球根类花卉，因生长点在球根的内部，故处理不便，虽可用注射法处理，但应用较少。百合类应用鳞片繁殖，可将鳞片浸于 0.05%~0.1% 的秋水仙素水溶液中，经 1~3h 后进行扦插，可得到四倍体球芽。唐菖蒲的实生小球也可用浸渍法来促使染色体加倍。

⑥复合处理

据山川邦夫（1973 年）报道，将好望角萱蔓属（苦芦蔓科）中的一些种用秋水仙素处理 11d，又照射 0.04 ~ 0.05Gy 的 X 射线，可增加染色体加倍株的出现率。染色体加倍株的出现率在单独用秋水仙素处理时为 30%，而兼用 X 射线照射时则提高到 60%，并且在取得的多倍体植株中发现有两株变成八倍体。

此外，注射法、喷雾法、培养基法等几种处理方法都有一定的处理效果。

秋水仙素诱导应注意以下问题。

①对生长点的处理越早越好，通常是处理萌动或刚发芽的种子，正在膨大的芽、根尖、幼苗等。

②处理期间，在一定限度内，温度越高，成功的可能性越大。温度较高，处理时所用的浓度要低一些，处理时间短一些；相反，温度较低时，处理的浓度要大一些，处理时间也要长一些。

③一般常用 0.2% 水溶液。草本花卉植物较低（0.01% ~ 0.2%），观赏树木较高（1% ~ 1.5%）。

④植物组织经秋水仙素处理后，在生长上会受到一定影响，如果外界条件不适宜，也会使试验失败，所以要注意培育和管理。

⑤处理后须用清水冲洗，避免残留药迹。

（3）有性杂交培育多倍体

①不同倍性体间杂交

当某园林植物中存在有可育的不同倍性体时，利用不同倍性体杂交是获取新的多倍体最为简捷而有效的途径。如三倍体无籽西瓜，就是利用二倍体和四倍体西瓜间杂交而获得的。

②天然或人工未减数配子杂交

目前在园林绿化中大量使用的三倍体毛白杨，就是直接利用天然未减数的 2n 花粉与正常减数分裂的雌配子杂交获得的。人工通过秋水仙素或高温等诱导方法来处理雌雄配子体，可获得未减数的雌雄配子，与正常异性配子杂交得到三倍体植株，或用处理后未减数的雌雄配子杂交，可获得四倍体类型。

（4）通过组织培养获得多倍体

各种植物在组织培养中，常发生染色体倍性的变化。如 D.A.Evans 报道石刁柏和胡萝卜的组织培养过程很容易产生四倍体。

另外，通过胚乳培养可获得三倍体植株，应用细胞融合技术也可创造异源多倍体。

3. 多倍体鉴定与后代选育

（1）多倍体的鉴定

①形态比较

将处理的和未处理的对照进行外部形态的比较，如叶片肥厚、节间变短、花冠明显增大、花色较深等，对被初步认为是多倍体的，可进一步检查。

②气孔鉴定

观察气孔和保卫细胞的大小是较为可靠的鉴定方法。由于气孔增大，单位面积内的气孔数目少也可作为鉴定多倍体的根据，但这一指标只能与植物处在同一发育时期和同一外界条件之下时比较才有实际意义。如中国农业科学院蔬菜研究所诱变的萝卜多倍体，其叶片气孔保卫细胞平均大小为32.2mm×20.2mm，而正常二倍体为25.5um×18.7mm。

③花粉粒鉴定

与二倍体相比较，多倍体花粉体积大、生活力低。有些多倍体（如三倍体）甚至完全不孕。

④梢端组织发生层细胞鉴定

用切片染色法比较组织发生层的三层细胞和细胞核的大小，可以看到多倍体的细胞及核都比二倍体大。

⑤小孢子母细胞分裂的异常行为

无论是三倍体或同源四倍体，小孢子母细胞在减数分裂中都有异常行为，这可作为鉴定多倍体的标志。染色体的异常行为包括染色体配对不正常，有单价体和多价体，有落后染色体、染色体分离不规则、数目不均等，有多极分裂、微核小孢子数目和大小不一致等。

⑥染色体计数

对多倍体植物更精确的直接鉴定法，就是用植物的根尖细胞、茎尖细胞或花粉母细胞在分裂过程中制片染色，在显微镜下检查其染色体数目是否真正加倍，从而鉴定整倍性变异还是非整倍性的变异。

（2）多倍体后代的选育

大多数园林植物可用无性繁殖。人工诱导多倍体成功后，一旦出现我们所期望的多倍体植株，须进一步选育，即可用无性繁殖的方法进行繁殖和利用。但使用种子繁殖的一、二年生草本植物，诱导成功的多倍体后代中往往会出现分离，所以须用选择的方法，不断选优去劣。有的多倍体缺点还较多，需要通过常规的良种手段，逐步加以克服。因此，在诱导多倍体时，至少要诱变两个或两个以上的品种成为多倍体。另外还要注意将诱导成功的四倍体与普通二倍体的隔离，以免天然杂交产生三倍体后代，但这一点在果树上可以利用。

一般多倍体类型往往需要较多的营养物质和较好的环境条件，所以须适当稀植，使其性状得到充分发育，并注意培育和管理。

第六节　园林植物良种繁育

一、良种繁育的概念

良种繁育（Seed produclion）就是运用遗传育种的理论和技术，在保持并提高良种种性和生活力的前提下，迅速扩大良种数量、不断提高良种品质的一整套科学的种子、种苗生产技术。良种繁育不是单纯的种子、种苗繁殖，而是品种选育工作的继续和扩大，是种子工作中不可分割的重要组成部分，是实现种子质量标准化的根本保证。培育出优良品种后必须经过良种繁育，才能使之在园林事业中发挥应有的作用。

二、良种繁育的任务

1. 在保证质量的前提下，迅速扩大良种数量

通过各种途径育成的优良品种，最初在数量上是有限的，远远不能满足园林绿化和美化的需求。因此，良种繁育的首要任务就是在较短时间内繁殖出大量的优良种子、种苗，从而使优良品种迅速得到推广。这种用新品种在生产上代替老品种的过程称为品种更新。

2. 保持和提高良种种性，恢复已退化良种的种性

优良品种在投入生产以后，在一般的栽培管理条件下，常会发生优良种性降低的现象，甚至完全丧失栽培价值，最后不得不从生产中淘汰。这在一、二年生草本花卉中表现尤为严重，如三色童、鸡冠花、百日草、雏菊、虞美人等，常在栽培过程中出现花朵变小、颜色暗淡、失去光泽、花型紊乱、参差不齐等退化现象。对于已经退化的良种，要采取一定的措施，恢复其良种种性，从而延长良种的使用年限。

3. 保持并不断提高良种的生活力

在缺少良种繁育制度的栽培管理条件下，许多自花授粉和营养繁殖的良种常常发生生活力逐步降低的现象，表现为抗性和产量降低。生活力降低是导致良种退化的重要原因之一。

除此之外，在良种繁育的过程中，还要进行品种鉴定、种子检验等工作，以便正确判断品种品质。概括地说，良种繁育工作的主要任务就是有组织、有计划、系统地进行品种更换和品种更新，防止退化，保持种性和生活力，以满足生产上对于种植优良品种种子的需要。

三、良种繁育的程序及方法

1. 品种审定

对园林植物新品系进行形态、观赏特性、生物学特性、抗性等评价，要经过品种比较试验，选出表现优异的品种，并通过区域试验，测定其在不同地区的土壤、气候和栽培条件下的适应性和稳定性。在此基础上，确定适应范围和推广地区后，进行生产试验。最后将供试材料的有关审定与试验结果及其对栽培管理技术的要求与反映等资料，呈报上级进行审查，经确认后再交付种苗部门繁殖推广或交生产者使用。

2. 良种繁育的程序

（1）良种繁育圃的建立

对于园林树木优良品种的推广，主要是通过良种繁育圃的建立，通过有性和无性繁殖手段，在保证优良品种质量的前提下，加速繁殖。良种繁育圃包括良种母本园、钻木母本园和育苗圃。

①良种母本园

良种母本园的任务在于提供苗圃繁育良种过程中所需要的大量优良品种的接穗、插条、枝芽以及实生繁殖的种子。母本园的建立，一般根据需要和可能的条件进行选址，或选择条件较好、栽培水平较高的苗圃，通过选择母树，改造作为母本园。在条件不允许的情况下，对其中个别优良单株可以采用特殊管理和保护措施，作为采种母树，进行单系繁殖。

②钻木母本园

在嫁接繁殖中，如果嫁接苗所选用的砧木差异很大，对于接穗品种习性会产生不同的影响，使优良品种种性表现出差异或引起退化。有时采用了不恰当的钻木，会因亲和性下降而造成严重损失。因此，在园林树木优良品种选育和良种繁育的同时，还应重视对优良砧木品种的选育和建立良好的钻木母本园。如北京地区对榆叶梅优良品种选育时，以前长期采用播种繁殖，结果以后表现出许多退化现象，如花的重瓣性降低、开花少、花朵中等，通过钻木母本园的繁殖，选用一、二年生榆叶梅实生苗作钻木，选用优良品种作接穗，进行芽接，效果很好，既缩短了优良品种培育年限，在观察、选择标准上，又易去劣存优。

③育苗圃

育苗圃的任务是繁育品种纯正和高质量的苗木。当今科学的发展，使良种繁育走向具有人工模拟自然条件、电脑控制、有排灌设施、能适应机械化操作、无严重病虫害和自然灾害的大型的、高质量的育苗圃。国内育苗单位也在不同程度学习和引入国外先进的育苗经验和设备，逐步创造条件向生产育苗的专业化方向迈进。

（2）采用先进的育苗技术

越来越多的高新技术的运用，使产业化、商品化种苗生产的效率越来越高。例如，利用全光照自动喷雾技术来提高苗木扦插成活率，采用容器育苗可提高出苗率与壮苗的数量。计算机控制的大型自动化育苗已经得到应用，即用计算机控制育苗过程中的温度、湿度、光照、水分、营养等因素，从而使种苗繁殖效率迅速提高。

采用组织培养繁育种苗也是理想的生物技术之一，即在人工无菌条件下大量繁殖苗木，不仅繁殖速度快、系数高、数量大，还可对苗木进行脱毒处理，使种苗的质量大大提高。园林植物的优良品种，通过无性繁殖几年后，往往由于积累病毒而产生退化。采用茎尖培养脱除病毒技术可除去植物组织内部的病毒，使退化植株完全恢复该品种刚育成时的特征、特性、产量和质量。如农作物中的大蒜、马铃薯，果树中的苹果、柑橘，花卉中的兰花、百合、水仙、郁金香、香石竹等无病毒植株的育成，为这些品种重新赢得了信誉、赢得了市场。因此，无病毒苗木的繁育已受到国内外的高度重视。

3. 加速良种繁育的方法

（1）提高种子的繁殖系数

①适当增加植株行距，扩大营养面积，增施肥水，可使植株生长健壮产生更多的种子。

②对植株摘心可增加分枝，增加花序的数量，从而增加种子产量。

③创造有利的环境条件，适当早播，延长营养生长期，提高单株产籽量。

④许多异花授粉植物和常异花授粉植物，进行人工授粉，可显著提高种子产量。

⑤对于落花、落果严重的植物，采取花期喷棚、喷赤霉素、人工授粉、花期控制肥水、控制生长过旺等措施，提高结果率。

⑥异地、异季繁殖，利用我国幅员辽阔、地势复杂、气候多样的有利条件，进行异地加代繁殖，一年可以繁育多代，从而加速种子繁殖。我国从南到北、从东到西不同的地理位置，不同的季节，有各种各样的气候条件，可以在不同时间、季节选择不同的地区进行加代繁殖。

（2）提高特化营养繁殖器官的繁殖系数

以球茎、鳞茎、块茎等特化器官进行繁殖的园林植物，提高繁殖系数就必须提高这些用于繁殖的变态器官的数量。唐菖蒲的球茎、采用切割的方法，可使每个含芽的切块都成为一个繁殖体，从而提高繁殖系数。风信子在6月掘出后，经干燥至7～8月，在鳞茎基部作放射状切割，晒后敷以硫黄粉，然后将切口向上（或切后埋于湿沙中2周，取出置于木架上），保持室温20～22℃，注意通风和遮光，9～10月切口附近可形成大量小球，11月将母球连同子球植入圃地，至翌年初夏掘出，可得10～20个小球；仙客来开花后的球茎于5～6月切除上部1/3，再在横切面上每隔1cm交互纵切，使切口生发不定芽，然后将长有不定芽的球茎切割分离移植，一个种球可获得50株左右幼苗，百合类可充分利用其珠芽扩大繁殖。

（3）提高一般营养繁殖器官的繁殖系数

①充分利用园林植物的再生力

许多植物的营养器官（根、茎、叶、芽等），都有较强的再生能力，能够用人工方法进行繁殖。某些植物的茎可作繁殖材料，如茶花、月季、海棠等，可采用单芽嫁接或单芽扦插的方法，节约繁殖材料，扩大繁殖系数。有的植物的茎、叶都可作繁殖材料，可用它的茎、叶同时进行繁殖，如秋海棠、大岩桐等。对再生力不强的园林植物，我们可用植物生长调节剂对其进行处理，从而提高其繁殖系数。如用吲哚丁酸、吲哚乙酸、萘乙酸等处理插条，以提高扦插成活率。

②延长繁殖时间

在自然条件下，园林植物的无性繁殖时间为春末到秋初，如嫁接、扦插时间一般为3～10月。为提高繁殖系数，可创造良好的条件，延长繁殖时间。例如在温室内的营养繁殖可全年进行；建造其他的保护地设施也可延长繁殖时间。

③嫁接和分株相结合

对既可以分株繁殖又可以嫁接繁殖的植物，采用二者结合的方法，有利于加速良种繁育。山东菏泽的牡丹繁殖方法是：先进行嫁接，砧木可用芍药或劣种牡丹，当嫁接苗生长2年，有了白生根后，在距离地面10～15cm处剪去地上部分，促使萌发更多新枝，到三四年再行分株繁殖，便可获得较多的牡丹新株了。

四、防止良种退化的方法

1. 建立完整的良种繁育制度

良种繁殖所用的种子、种苗，应由专门的机构生产。一般由育种者直接生产或在育种者负责的前提下，委托某个场圃生产，即由育种者提供繁殖材料，繁殖后进行田间试验和验收，最后挂育种单位的牌子进行出售，经济上实行分成；对国外、外地引进推广优良品种，由种子公司委托某个场圃负责生产，然后推广。这种做法可克服“种出多门”，甚至偏离标准性状的病，减少混杂。

良种繁育防杂保纯工作，不仅应制定各项规章制度，而且应逐步通过立法来保护育种家的权利。1961年在巴黎签订的《植物专利的国际条约》上规定，各结盟国需共同协力保护育种家的权利，受条约保护的不仅有农作物，也有花卉类。目前世界上许多国家，如美国、意大利、韩国、英国、荷兰、比利时、法国、德国、瑞典、澳大利亚等，制定了国内法令，明确地保护育种者的利益。有的国家，优秀品种的专利还可以继承。

2. 防止混杂

（1）防止机械混杂

严格遵守良种繁育制度，防止人为的机械混杂，保持良种的纯度和典型性。特别要注意以下几个环节。

种子采收：应由专人负责，按成熟期先后进行，收获要及时。落地种宁舍勿留，先收获最优良的品种，种子采收后立即标记品种名称、采收日期等，如发现无名称或无标签的种子应舍弃。种子容器必须干净，晾种时各品种应分别用不同容器，同一类型的种子要间隔较大距离。在对种子贮藏时，应注意分门别类、井然有序，并使标签不损坏或遗失。

播种育苗：播种前的选种、催芽等工作必须做到不同品种分别进行处理，器具干净；播种时选无风天气，以免轻粒种子吹到其他苗畦；相似的品种不要相邻种植；播种后必须插上标牌，标记品种名称和播种日期、数量等，并绘制播种布局图，做好记录工作。播种和定植应合理轮作，避免隔年种子萌发而造成混杂。

移植：移植前对所移植品种进行对照检查，核实无误后方可进行。移植时，最好定人定品种，由专人移植，并按品种逐个进行。移植后，应绘出定植图，并认真记载。

去杂：在移苗时、定植时、开花初期、开花盛期、开花末期及品种主要性状明显表现出来的时期，分别进行去杂工作，及时拔除杂株。

（2）防止生物学混杂

防止生物学混杂的基本方法是隔离与选择，隔离的方式有空间隔离和时间隔离。

①空间隔离

采用一定的人工措施，从空间隔断风及昆虫等对花粉的传播，从而防止天然杂交的方法称为空间隔离。空间隔离的方法有两种，一是设置隔离区，要求在良种繁殖田的周围，在一定的距离内，不能种植能使良种天然杂交的植物。隔离距离的大小要综合进行考虑，一般花粉量大的风媒花比花粉量少的虫媒花大，花的重瓣程度小的比重瓣程度大的大，自然杂交率高的植物比自然杂交率低的植物大，播种面积大的比播种面积小的大，无天然隔离区的比有天然隔离区（大水面、林区、山岭）的大（表 4-1）。二是设置保护区，在良种种植面积小、数量少的情况下，可以采用温室、塑料大棚、小拱棚种植、覆盖纱网、塑料膜等防止天然杂交。

②时间隔离

采用不同时期播种、分批种植的方法，使同一类植物的开花期不同，从而避免天然杂交的隔离方法称为时间隔离。时间隔离可分为同年度隔离和跨年度隔离。同年度隔离就是把不同的品种在一年内按不同的时期播种，跨年度隔离是把易发生生物学混杂的品种在不同年度播种。

表 4–1　部分园林植物的隔离距离

植物	最小距离 /m	植物	最小距离 /m	植物	最小距离 /m
三色堇	30	飞燕草	30	百日草	200
矮牵牛	200	金鱼草	200	金盏菊	400
波斯菊	400	万寿菊	400	石竹属	350
金莲花	400	桂竹香	350	蜀葵	350

（3）加强选择，去杂去劣

去杂是指去掉非本品种的植株和杂草，去劣是指去掉本品种中感染病虫害、生长不良、观赏性状较差的植株。在良种繁育的幼苗期、开花初期、开花盛期等根据品种的特性，做好去杂去劣的选择工作。

（4）改善栽培条件，提高栽培技术

良好的土壤、肥水栽培条件，使良种有充足的营养面积，合理轮作可以减少病虫害的发生，采用嫁接繁殖的良种，要选用幼龄砧木、接穗、插条等，成活率高，生长力强。

（5）提高良种的生活力，改变生活环境

用改变环境的办法有可能使种性复壮，保持良好的生活力。这种方法一般是通过改变播种期和异地栽培来实现。改变播种期，可以使植物的各个不同发育阶段与原来的生活条件不同，从而提高生活力。有些植物可改春播为秋播。异地栽培就是将长期在一个地区栽培的良种定期到另一地区繁殖栽培，经 1 ~ 2 年再拿回原地栽培，也可提高良种的生活力。此外还可采用低温锻炼幼苗和种子，或高温和盐水处理种子，以及对萌发的种子进行干燥处理，都能在一定程度上提高良种抗逆性和生活力。

天然杂交或人工辅助授粉：在保持品种性状一致性的前提下，利用有性杂交，可提高其生活力。对于自花授粉植物，可用同一品种内、不同植株进行杂交，其生活力优势一般可维持 4 ~ 5 代。对异花授粉植物，采用人工授粉方法也可提高后代的生活力。

在品种间，选择具有杂种优势的组合，进行品种间杂交。从而利用杂种间的优势，提早开花，增进品质和抗性。由于杂种一代性状一致，可提高观赏品质。在日本，金鱼草等花卉应用这种方法取得了显著效果。

（6）无性繁殖和有性繁殖相结合

许多园林植物既可以无性繁殖也可以有性繁殖。无性繁殖和有性繁殖各有特点，有性繁殖能得到发育阶段低、生活力旺盛的后代，但后代的遗传性容易发生变异，优良性状容易消失；无性繁殖可以稳定保持良种性状，继承良种的遗传基础，但长期无性繁殖，阶段发育将逐渐老化，容易产生生长势、生活力、抗性等方面退化的现象。所以说，二者在良种繁育中交替使用，既可以保持优良种性，又可得到有性复壮，可有效防止良种退化。

（7）脱毒处理

许多园林植物容易感染病毒，特别是营养繁殖的花卉，如大丽花、菊花、香石竹、百合、唐菖蒲、郁金香等，从而引起退化。对这些植物进行脱毒处理，可恢复良种种性，提高生活力。

第五章　园林苗圃规划设计

随着社会的进步，人们对居住环境的质量越来越重视，城乡绿化迅猛发展，苗木业已经成为具有巨大潜力的朝阳产业。苗圃是培育苗木的场所，它的好坏直接影响着苗木的质量、产量和整个园林绿化工作的成败。因此，必须对苗圃进行科学的规划和设计，以培育出高质量的、满足绿化的、适合市场需求的苗木。

第一节　园林苗圃的种类与特点

一、园林苗圃的概念

狭义的园林苗圃是指为了满足城镇园林绿化建设需要，专门繁殖和培育各类园林苗木的场所。随着城镇园林绿化水平的不断提高，城镇园林绿化越来越注意植物造景，提倡树、花、草结合，乔木、花灌木、草坪及地被植物合理搭配。因此，广义的园林苗圃是指生产各种园林绿化植物材料的基地，即以园林树木繁育为主，同时包括城市景观花卉、草坪及地被植物的生产，并从传统的绿地生产和手工操作方式迅速向设施化、智能化方向过渡，成为园林植物工厂。园林苗圃又是园林植物新品种引进、选育、繁殖的重要场所。同时，园林苗圃本身也是城市绿地系统的一部分，具有公园功能。

二、园林苗圃的类型及特点

（一）按园林苗圃面积划分

1．大型苗圃。大型苗圃面积在 $20hm^2$ 以上。生产的苗木种类齐全，拥有先进设施和大型机械设备，技术力量强，常承担一定的科研和开发任务，生产技术和管理水平高，生产经营期限长。

2．中型苗圃。中型苗圃面积为 3 ~ $20hm^2$。生产苗木种类多，设施先进，生产技术和管理水平较高，生产经营期限长。

3. 小型苗圃。小型苗圃面积为 $3hm^2$ 以下。生产苗木种类较少，规格单一，经营期限不固定，往往随市场需求变化而更换生产苗木的种类。

（二）按园林苗圃所在位置划分

1. 城市苗圃。城市苗圃位于市区或郊区，能够就近供应所在城市绿化用苗，运输方便，且苗木适应性强，成活率高，适宜生产珍贵的和不耐移植的苗木以及露地花卉和节日摆放用花。

2. 乡村苗圃。乡村苗圃是由于城市土地资源紧缺和乡村土地成本及劳动力成本低，适宜生产城市绿化用量较大的苗木而形成的新类型，现已成为供应城市绿化建设用苗的重要来源。

（三）按园林苗圃育苗种类划分

1. 专类苗圃。苗圃面积较小，苗木种类单一。只培育一种或少数几种要求特殊培育措施或供某种特殊用途的苗木，如专门生产嫁接苗、组培苗等。

2. 综合苗圃。综合苗圃多为大、中型苗圃，生产的苗木种类齐全，规格多样化，设施先进，生产技术和管理水平较高，经营期限长，技术力量强。

（四）按园林苗圃经营期限划分

1. 固定苗圃。固定苗圃规划建设使用年限通常在 10 年以上，面积较大，生产苗木种类较多，机械化程度较高，设施先进。大、中型苗圃一般都是固定苗圃。

2. 临时苗圃。临时苗圃是为完成某一项或某一地区的绿化任务而临时设置的苗圃。一般建在绿化地附近，面积小，苗木品种单一，任务完成后就撤销。

第二节　园林苗圃的选址与区别

园林苗圃是城市绿化的重要组成部分，是确保城市绿化质量的重要环节之一。为了以最低的经营成本培育出符合城市绿化要求的优良苗木，在选择园林苗圃地时，必须对其经营条件和自然条件进行综合分析。

一、园林苗圃地的选择

园林苗圃在选址时应充分考虑其自然条件与社会条件，应选择在靠近水源、地势平坦、排水良好、土层深厚、土壤肥沃之处，而且要有较好的地理位置，交通便利，便于所需物资材料、能源的及时供应，劳动力充足，但应避开人、畜、禽频繁活动和出入的地方。

（一）园林苗圃的经营条件

1．交通条件。园林苗圃要选择交通方便的地方，以便于苗木的出圃和育苗物资的运入。

2．电力条件。园林苗圃所需电力应有保障，在电力供应困难的地方不宜建设园林苗圃。

3. 人力条件。培育园林苗木需要的劳动力较多，尤其在育苗繁忙季节需要大量临时用工。因此，园林苗圃应设在靠近村镇的地方，以便于调集人力。

4．周边环境条件。园林苗圃应远离工业污染源，防止工业污染对苗木生长产生不良影响。

5. 销售条件。从生产技术观点考虑，园林苗圃应设在自然条件优越的地点，但必须考虑苗木供应的区域。将苗圃设在苗木需求量大的区域范围内，往往具有较强的销售竞争优势。即使苗圃自然条件不是十分优越，也可以通过销售优势加以弥补。因此，应综合考虑自然条件和销售条件。

（二）园林苗圃的自然条件

1．地形

园林苗圃应建在地势较低、开阔、平坦地带，便于机械耕作和灌溉，也有利于排水防涝。圃地坡度一般以 1° ~ 3° 为宜。在多雨地区，选择 3° ~ 5° 的缓坡地对排水有利。坡度大小可根据不同地区的具体条件和育苗要求来确定。在质地较为黏重的土壤上，坡度可适当大些；在沙性土壤上，坡度可适当小些。如果坡度超过 5°，容易造成水土流失，降低土壤肥力。地势低洼、风口、寒流汇集、昼夜温差大等地形，容易产生苗木冻害、风害、日灼等灾害，严重影响苗木生产，不宜选作苗圃地。

在山地建立园林苗圃时，如果坡度较大，应修筑水平梯田。在山地育苗，由于坡向不同，气象条件、土壤条件差别较大，会对苗木生长产生不同的影响。南坡背风向阳，光照时间长，光照强度大，温度高，昼夜温差大，湿度小，土层较薄；北坡与南坡情况相反；东、西坡向的情况介于南坡与北坡之间，但东坡在日出前到中午的较短时间内会形成较大的温度变化，而下午不再接受日光照射，因此对苗木生长不利；西坡由于冬季常受到寒冷的西北风侵袭，易造成苗木冻害。我国地域辽阔，气候差别很大，栽培的苗木种类也不尽相同，可依据不同地区的自然条件和育苗要求选择适宜的坡向。

2．土壤条件

土壤是供给苗木养分、水分、空气和热量的基础，对苗木的生长，尤其是对苗木根系的生长影响很大。因此，选择苗圃地时，必须认真考虑土壤条件。

土层深厚、土壤孔隙状况良好的壤土（尤其是砂壤土、轻壤土、中壤土），具有良好的持水保肥和透气性能，适宜苗木生长。

沙质土壤肥力低，保水力差，土壤结构疏松。在夏季日光强烈时土表温度高，易灼伤幼苗。带土球移植苗木时，因土质疏松，土球易松散。

黏质土壤结构紧密，透气性和排水性能较差，不利于根系生长，水分过多易板结，土壤干旱易龟裂，实施精细的育苗管理作业有一定的困难。

因此，选择适宜苗木生长的土壤，是建立园林苗圃、培育优良苗木必备的条件之一。

根据多种苗木生长状况来看，适宜的土层厚度应在50cm以上，含盐量应低于2%，有机质含量应不低于2.5%。在土壤条件较差的情况下建立园林苗圃，虽然可以通过不同的土壤改良措施克服各种不利因素，但苗圃生产经营成本将会增大。

土壤酸碱度是影响苗木生长的重要因素之一，一般要求园林苗圃土壤的pH在6.0 ~ 7.5。不同的园林植物对土壤酸碱度的要求不同，有些植物适宜偏酸性土壤，有些植物适宜偏碱性土壤，可根据不同的植物进行选择或改良。盐碱地不宜建苗圃，因幼苗在盐碱地上难以生长。

3. 水源

水是苗木的命脉，园林苗圃必须建在有良好供水条件的地方。将苗圃设在靠近河流、湖泊、池塘、水库等水源附近，方便引水灌溉。但应注意监测这些天然水源是否受到污染和污染程度，避免水质污染对苗木生长产生不良影响。在无地表水源的地点建立园林苗圃时，需要了解地下水源是否充足，地下水位的深浅，地下水含盐量高低等情况。苗圃灌溉用水其水质要求为淡水，水中含盐量一般不超过1/1000，最多不超过1.5/1000。

4. 气象条件

地域性气象条件通常是不可改变的，因此，园林苗圃不能设在气象条件极端的地域中，如高海拔地区，霜冻、冰雹多发地区，风口、寒流汇集地等气象灾害多发地。园林苗圃应选择气象条件比较稳定、灾害性天气很少发生的地区。

5. 病虫害和植被情况

在选择苗圃用地时，详细调查、了解圃地及周边的植物感染病害和发生虫害情况。如果圃地环境病虫害曾严重发生，并且未能得到治理，则不宜在该地建立园林苗圃，尤其对园林苗木有严重危害的病虫害须格外警惕。

另外，苗圃用地是否生长着某些难以根除的灌木杂草，也是需要考虑的问题之一。如果不能有效控制苗圃杂草，对育苗工作将产生不利影响。

二、园林苗圃的区划

（一）园林苗圃用地的划分和面积计算

园林苗圃用地一般包括生产用地和辅助用地两部分。

生产用地是指直接用于培育苗木的土地，包括播种繁殖区、营养繁殖区、苗木移植区、大苗培育区、设施育苗区、采种母树区、引种驱化区等所占用的土地及暂时未使用的轮作休闲地。

辅助用地又称非生产用地，是指苗圃的管理区建筑用地和苗圃道路、排灌系统、防护林带、晾晒场、积肥场及仓库建筑等占用的土地。

1．生产用地面积计算

生产用地一般占苗圃总面积的 75% ~ 85%。大型苗圃生产用地所占比例较大，通常在 80% 以上。

计算苗圃生产用地面积，应根据以下几个因素来考虑。即每年生产苗木的种类和数量；某树种的单位面积产苗量；育苗年限，也即苗木年龄；轮作制及每年苗木所占的轮作区数。

计算某树种育苗所需面积，按该树种苗木单位面积产苗量计算时，可用如下公式：

$$S=\frac{M}{n}\times\frac{B}{C}$$

式中：S 指某树种育苗所需面积；M 指每年计划生产该树种苗木数量；n 指该树种单位面积产苗量；A 指该树种的培育年限；B 指轮作区的总区数；C 指该树种每年育苗所占的轮作区数。

例如，某苗圃每 3 年出圃年生紫薇苗 30 000 株，用 4 区轮作，每年有 1/4 土地休闲，3/4 土地育苗，单位面积产苗量为 120 000 株 /hm。则：

$$S=\frac{300\ 00\times3}{120\ 000}\times\frac{4}{3}=1\ (\mathrm{hm}^2)$$

目前，我国一般不采用轮作制，而是以换间种植为主，故 B/C 为 1，所以需育苗地面积为 0.667hm^2。

这样按上述公式计算的结果是理论数字，在实际生产中因移植苗木、起苗、运苗、贮藏以及自然灾害等都会造成一定的损失，因此还需将每个树种每年的计划产苗量增加 3% ~ 5% 的损耗，并相应增加用地面积，以确保如数完成育苗任务。

计算出各树种育苗用地面积之后，再将各树种用地面积相加，再加上母树区、引种试验区、温室区等面积，即可得出生产用地总面积。

2．辅助用地（非生产用地）面积计算

苗圃辅助用地面积一般不超过总面积的 20% ~ 25%，大型苗圃辅助用地一般占 15% ~ 20%，中、小型苗圃一般占 18% ~ 25%。

（二）园林苗圃规划设计的准备工作

1．踏查。圃址确定以后，由设计人员会同施工人员、经营管理人员以及有关人员到实地进行踏查访问，了解圃地的现状、地权、地界、历史、地势、土壤、植被、水源、交通、病虫害、草害、有害动物以及周围环境、自然村落等情况，并提出规划的初步意见。

2. 测绘地形图。地形图是进行苗圃规划设计的基本材料。进行园林苗圃规划设计时，首先需要测量并绘制苗圃的地形图。地形图比例尺为 1/500 ~ 1/2000，等高距为 20 ~ 50cm。对于苗圃规划设计直接有关的各种地形、地物都应尽量绘入图中，重点是高坡、水面、道路、建筑等。

3. 土壤调查。苗圃地土壤状况是合理区划苗圃辅助用地和生产用地的依据。因此，首先要进行土壤调查，根据圃地的地形、地势、指示植物分布，选定典型地区，分别挖掘土壤剖面，进行详细的观察记载和取样分析。一般调查项目主要包括土层厚度、土壤结构、松紧度、酸碱度、土壤质地、石烁含量、地下水位、土壤有机质、速效养分（氮、磷、钾）含量、机械组成、pH、含盐量、含盐种类等。

4. 气象资料的收集。气象资料不仅是进行苗圃生产管理的依据，也是进行苗圃规划设计的依据。因此，建苗圃前有必要向当地的气象台或气象站详细了解有关的气象资料，如物候期、霜期、全年及各月份平均气温、极端气温、冻土层深度、年降水量及各月份分布情况、空气相对湿度、主风方向、风力等。此外，还应详细了解圃地的特殊小气候等情况。

5. 病虫害和植被状况调查。主要是调查圃地及周围植物病虫害种类及感染程度。对与园林植物病虫害发生有密切关系的植物种类，尤其需要进行细致调查，并将调查结果标注在地形图上。

（三）园林苗圃的区划

1. 生产用地的区划

（1）作业区及其规格。生产用地面积占苗圃总面积的 80% 左右，为了方便耕作，生产用地常被划分为若干个作业区。作业区可视为苗圃育苗的基本单位，一般为长方形或正方形。

作业区长、宽、方向依苗圃的机械化程度、土壤质地、地形是否有利于排水、地形、地势、坡向、主风方向、形状等情况确定。

小型苗圃，每一作业区的面积可为 0.2 ~ 1hm^2，长度可为 50~ 200m。大、中型苗圃，每一作业区的面积可为 1 ~ 3hm^2 或更大些，长度可为 200 ~ 300m。作业区的宽度一般可为 40 ~ 100m，便于排水的地形与土壤质地可宽些，不便排水的可窄些；同时还要考虑喷灌、机械喷雾、机具作业等要求达到的宽度。长方形作业区的长边通常为南北向。地势有起伏时，作业区长边应与等高线平行。地形形状不规整时，可划分大小不同的作业区，同一作业区要尽可能呈规整形状。

（2）各育苗区的设置。苗圃生产用地包括播种繁殖区、营养繁殖区、苗木移植区、大苗培育区、采种母树区、引种驯化区、设施育苗区等，有些综合性苗圃还设有标本区、果苗区、温床区等。

播种繁殖区是为培育播种苗而设置的生产区。播种育苗的技术要求较高，管理精细，投入人力较多，且幼苗对不良环境条件反应敏感，所以应选择生产用地中自然条件和经营条件最好的区域作为播种繁殖区。人力、物力、生产设施均应优先满足播种育苗要求。播种繁殖区应靠近管理区；地势应较高而平坦，坡度小于2°；接近水源，灌溉方便；土质优良，深厚肥沃；背风向阳，便于防霜冻；如是坡地，则应选择自然条件最好的坡向。

营养繁殖区是为培育扦插、嫁接、压条、分株等营养繁殖苗而设置的生产区。营养繁殖的技术要求也较高，并需要精细的管理，一般要求选择条件较好的地段作为营养繁殖区。培育硬枝扦插苗时，要求土层深厚，土质疏松而湿润。培育嫁接苗时，因为需要先培育砧木播种苗，所以应当选择与播种繁殖区相当的自然条件好的地段。压条和分株育苗的繁殖系数低，育苗数量较少，不需要占用较大面积的土地，所以通常利用零星分散的地块来育苗。嫩枝扦插育苗需要插床、荫棚等设施，可将其设置在设施育苗区。

苗木移植区是为培育移植苗而设置的生产区。由播种繁殖区和营养繁殖区中繁殖出来的苗木需要进一步培养成较大的苗木时，则应移入苗木移植区进行培育。依培育规格要求和苗木生长速度的不同，往往每隔2~3年还要再移植几次，逐渐扩大株、行距，增大营养面积。苗木移植区要求面积较大、地块整齐、土壤条件中等。

大苗培育区是为培育根系发达、有一定树形、苗龄较大、可直接出圃用于绿化的大苗而设置的生产区。在大苗区继续培养的苗木，通常在移植区内已进行过一至几次移植，在大苗区培育的苗木出圃前一般不再进行移植，且培育年限较长。大苗培育区特点是株、行距大，占地面积大，培育的苗木大，规格高，根系发达，可直接用于园林绿化建设，满足绿化建设的特殊需要，如树冠、形态、干高、干粗等高标准大苗，利于加速城市绿化效果，保证重点绿化工程的提前完成。大苗的抗逆性较强，对土壤要求不太严格，但以土层深厚、地下水位较低的整齐地块为宜。为便于苗木出圃，位置应选在便于运输的地段。

采种母树区是为获得优良的种子、插条、接穗等繁殖材料而设置的生产区。采种母树区不需要很大的面积和整齐的地块，大多是利用一些零散地块，以及防护林带和沟、渠、路的旁边等处栽植。

引种驯化区是为培育、驯化由外地引入的树种或品种而设置的生产区。需要根据引入树种或品种对生态条件的要求，选择有一定小气候条件的地块进行适应性驯化栽培。

设施育苗区是为利用温室、荫棚等设施进行育苗而设置的生产区。设施育苗区应设在管理区附近，主要要求用水、用电方便。

2．辅助用地的区划

苗圃辅助用地包括道路系统、排灌系统、防护林带、管理区房屋、各种场地等。进行辅助用地设计时，既要满足苗木生产和经营管理上的需要，又要少占土地，若苗圃面积不大，有些设施可不要，如防护林等。

（1）苗圃道路系统的设计

苗圃道路系统的设计主要应从保证运输车辆、耕作机具、作业人员的正常通行考虑，合理设置道路系统及其路面宽度。苗圃道路包括一级路、二级路、三级路和环路。

一级路也称主干道。一般设置于苗圃的中轴线上，应连接管理区和苗圃出入口，能够允许通行载重汽车和大型耕作机具。通常设置 1 条或相互垂直的 2 条，设计路面宽度一般为 6 ～ 8m，标高高于作业区 20cm。

二级路也称副道、支道。其是一级路通达各作业区的分支道路，应能通行载重汽车和大型耕作机具。通常与一级路垂直，根据作业区的划分设置多条，设计路面宽度一般为 4m，标高高于耕作区 10cm。

三级路也称步道、作业道。其是作业人员进入作业区的道路，与二级路垂直，设计路面宽度一般为 2m。

环路也称环道。设在苗圃四周防护林带内侧，供机动车辆回转通行使用，设计路面宽度一般为 4 ～ 6m。

大型苗圃和机械化程度高的苗圃注重苗圃道路的设置，通常按上述要求分三级设置。中、小型苗圃可少设或不设二级路，环路路面宽度也可相应窄些。路越多越方便，但占地多，一般道路占地面积为苗圃总面积的 7%～ 10%。

（2）苗圃灌溉系统的设计

苗圃必须有完善的灌溉系统，以保证苗木对水分的需求。灌溉系统包括水源、提水设备、引水设施三部分。

水源分为地表水和地下水两类。

地表水指河流、湖泊、池塘、水库等直接暴露于地面的水源。地表水取用方便，水量丰沛，水温与苗圃土壤温度接近，水质较好，含有部分营养成分，可直接用于苗圃灌溉。但需注意监测水质有无污染，以免对苗木造成危害。

地下水指井水、泉水等来自地下透水土层或岩层中的水源。地下水一般含矿化物较多，硬度较大，水温较低，应设蓄水池以提高水温。

提取地表水或地下水一般使用水泵。在选择水泵规格型号时，应根据灌溉面积和用水量来确定。

引水设施分渠道引水和管道引水两种。

修筑渠道是沿用已久的传统引水形式。土筑明渠修筑简便，投资少，但流速较慢，蒸发量和渗透量较大，占用土地多，引水时需要经常注意管护和维修。为了提高流速，减少渗漏，可对其加以改进，在水渠的沟底及两侧加设水泥板或做成水泥槽。

引水渠道一般分为一级渠道（主渠）、二级渠道（支渠）、三级渠道（毛渠）。用各级渠道的规格根据苗圃水量大小进行确定。一级渠道是永久性的大渠道，从水源直接把水引出，一般宽 1.5 ～ 2.5m。二级渠道也为永久性的，从主渠把水引向各作业区，一般顶宽 1 ~ 1.5m。三级渠道是临时性的小水渠，一般渠道宽度在 1m 以下。各级渠道的设置常与各级道路相配合，干道配主渠，支道配支渠，步道配毛渠，使苗圃的区划整齐。主渠和支渠要有一定的坡降，一般坡降应在 1/1000 ~ 4/1000，渠道边坡一般为 45°。渠道方向应与作业区边线平行，各级渠道应相互垂直。

引水渠道占地面积一般为苗圃总面积的 1% ~ 5%。

管道引水是将水源通过埋入地下的管道引入苗圃作业区进行灌溉的形式，包括喷灌、滴灌、渗灌等节水灌溉技术。管道引水不占用土地，也便于田间进行机械作业。灌溉效果好，节省劳动力，工作效率高，能够减少对土壤结构的破坏，保持土壤原有的疏松状态，避免地表径流和水分的深层渗漏。

（3）苗圃排水系统的设计

为排除苗圃内积水和灌溉剩余尾水以及在地势低、地下水位高、雨量多的地区，应重视排水系统的建设。排水系统通常分为大排水沟、中排水沟、小排水沟三级。排水沟的坡降一般为 4/1000，排水沟和灌溉渠往往各居道路一侧，形成沟、路、渠整齐并列格局。排水沟与路、渠相交处应设涵洞或桥梁。排水系统占地面积一般为苗圃总面积的 1% ~ 5%。

（4）苗圃防护林带的设计

设置防护林带是为了避免苗木遭受风沙危害，降低风速，减少地面蒸发及苗木蒸腾，创造适宜苗木生长的小气候条件。防护林带的规格依苗圃的大小和风害程度而定。小型苗圃在主风方向垂直设置一条防护林带；中型苗圃在四周都设防护林带；大型苗圃除四周设置主防护林带外，还在内部干道和支道两侧或一侧设辅助防护林带。

防护林带的结构以乔、灌木混交疏透结构为宜，林带宽度和密度依苗圃面积、气候条件、土壤和树种特性而定。一般主防护林带宽 8 ~ 10m，株距 1 ~ 1.5m，行距 1.5 ~ 2m；辅助防护林带一般为 1 ~ 4 行乔木。林带的树种选择应尽量选用适应性强、生长迅速、树冠高大的乡土树种，同时要注意到将速生和慢生、常绿和落叶、乔木和灌木、寿命长和寿命短的树种相结合。亦可结合栽植采种、采穗母树和有一定经济价值的树种，如用材、蜜源、油料、绿肥、饲料、药用、观赏等，以增加收益。但应注意不要选用苗木病虫害的中间寄主树种和病虫害严重树种。

防护林带的占地面积一般为苗圃总面积的 5% ~ 10%。

（5）苗圃管理区的设计

苗圃管理区包括房屋建筑和圃内场院等部分。房屋建筑主要包括办公室、宿舍、食堂、仓库、种子贮藏室、工具房、车库等，圃内场院主要包括运动场、晒场、堆肥场等。苗圃管理区应设在交通方便、地势高燥的地方。办公区、生活区一般选择在靠近苗圃出入口的地方或苗圃中央位置，堆肥场等则应设在较隐蔽但便于运输的地方。

管理区占地面积一般为苗圃总面积的 1% ~ 2%。

（四）园林苗圃设计图的绘制和设计说明书编写

1．绘制设计图

在绘制设计图前，必须了解苗圃的具体位置、界限、面积，育苗的种类、数量、出圃规格、苗木供应范围，苗圃的灌溉方式，苗圃必需的建筑、设施、设备，苗圃管理的组织机构、工作人员编制等。同时应有苗圃建设任务书和各种有关的图纸资料，如苗圃现状平面图、地形图、土壤分布图、植被分布图等，以及其他有关的经营条件、自然条件、当地经济发展状况资料等。

在完成上述准备工作的基础上，通过对各种具体条件的综合分析，确定苗圃的区划方案。以苗圃地形图为底图，在图上绘出主要道路、渠道、排水沟、防护林带、场院、建筑物、生产设施构筑物等。根据苗圃的自然条件和机械化条件，确定作业区的面积、长度、宽度、方向。根据苗圃的育苗任务，计算出各树种育苗需占用的生产用地面积，设置好各类育苗区。

2．编写设计说明书

设计说明书是园林苗圃设计的文字材料，它与设计图是苗圃设计两个不可缺少的组成部分。图纸上表达不出的内容，都必须在说明书中加以阐述。设计说明书一般包括经营条件、自然条件、圃地区划、各种用地面积计算、育苗技术措施等。

经营条件包括：苗圃所处位置，当地的经济、生产、劳动力情况及其对苗圃生产经营的影响；苗圃的交通条件；电力和机械化条件；周边环境条件；苗圃成品苗木供给的区域范围，对苗圃发展的展望，建圃的投资和效益估算。

自然条件包括：地形特点；土壤条件；水源情况；气象条件；病虫草害及植被情况。

苗圃的面积计算包括：各树种育苗所需土地面积计算；所有树种育苗所需土地面积计算；辅助用地面积计算。

苗圃的区划说明包括：作业区的大小；各育苗区的配置；道路系统的设计；排灌系统的设计；防护林带及防护系统（围墙、栅栏等）的设计；管理区建筑的设计；育苗区温室、组培室的设计。

育苗技术设计包括：培育苗木的种类；培育各类苗木所采用的繁殖方法；各类苗木栽培管理的技术要点；苗木出圃技术要求。

第三节 园林苗圃技术档案建立

一、建立园林苗圃技术档案的意义

苗圃技术档案是园林苗圃中一切生产活动、科学试验和经营管理的长期原始记载。从苗圃开始建设起，即应作为苗圃生产经营的内容之一，建立苗圃的技术档案。苗圃技术档案是合理利用土地资源和设施、设备，科学地指导生产经营活动，有效地进行劳动管理的重要依据。

二、园林苗圃技术档案的建立

（一）园林苗圃技术档案的基本要求

1. 对园林苗圃生产、试验和经营管理的记载，必须长期坚持，实事求是，保证资料的系统性、完整性和准确性。

2. 在每一生产年度末，应收集汇总各类记载的资料，进行整理和统计分析，为下一年度生产经营提供准确的数据和报告。

3. 应设专职或兼职档案管理人员，专门负责苗圃技术档案工作，人员应保持稳定，如有工作变动，要及时做好交接工作。

4. 归纳的档案资料要按一定的顺序装订成册，编号保存，以便随时进行查阅。

（二）园林苗圃技术档案的主要内容

1. 苗圃基本情况档案。主要包括苗圃的位置、面积、经营条件、自然条件、地形图、土壤分布图、苗圃区划图、固定资产、仪器设备、机具、车辆、生产工具以及人员、组织机构等情况。

2. 苗圃土地利用档案。主要记录各作业区的面积、苗木种类、育苗方法、整地、改良土壤、灌溉、施肥、除草、病虫害防治以及苗木生长质量等基本情况（表 5-1）。

3. 苗圃作业档案。主要记录每日进行的各项生产活动，劳力、机械工具、能源、肥料、农药等使用情况（表 5-2）。

4. 育苗技术措施档案。主要记录各种苗木从种子、插条、接穗等繁殖材料的处理开始，直到起苗、假植、贮藏、包装、出圃等育苗技术操作的全过程（表 5-3）。

5. 苗木生长发育调查档案。以年度为单位，定期采用随机抽样法进行调查，主要记载苗木生长发育情况（表 5-4）。

6. 气象观测档案。主要记录苗圃所在地的日照长度、温度、降水、风向、风力等天气状况和气象因子。

7. 科学试验档案。主要记录各个试验的目的、试验设计、试验方法、试验结果、试验完成的总结报告等。

8. 苗木销售档案。主要记载各年度销售苗木的种类、数量、价格、收益、购苗单位及用途等情况。

表 5–1 苗圃土地利用档案

作业区号： 面积：

年度	树种	育苗方法	作业方式	整地改土	除草作业	灌溉作业	施肥作业	病虫情况	苗水质量	备注

填表人：

表 5–2 苗圃作业档案

年 月 日 星期

树种	作业区号	育苗方法	作业方式	作业项目	人工	机具		作业量		物料使用量			工作质量	备注
						名称	数量	单位	数量	名称	单位	数量		

填表人：

表 5–3 苗育苗技术措施档案

树种：　　　　**育苗年度：**

<table>
<tr><td colspan="9">育苗面积　　苗龄　　前茬</td></tr>
<tr><td rowspan="3">繁殖方法</td><td>实生苗</td><td colspan="7">种子来源　贮藏方法　贮藏时间　催芽方法
播种方法　播种量　覆土厚度　覆盖物
覆盖起止时间　出苗率　间苗时间　留苗密度</td></tr>
<tr><td>扦插苗</td><td colspan="7">插条来源　贮藏方法　扦插时间　扦插密度
成活率</td></tr>
<tr><td>移植苗</td><td colspan="7">移植日期　移植苗龄　移植次数　移植株行距
移植苗来源　移植成活率</td></tr>
<tr><td>整地</td><td colspan="8">耕地日期　耕地深度　作畦日期</td></tr>
<tr><td rowspan="3">施肥</td><td></td><td colspan="2">施肥日期</td><td colspan="2">施肥种类</td><td colspan="2">施肥量</td><td>施肥方法</td></tr>
<tr><td>基肥</td><td colspan="2"></td><td colspan="2"></td><td colspan="2"></td><td></td></tr>
<tr><td>追肥</td><td colspan="2"></td><td colspan="2"></td><td colspan="2"></td><td></td></tr>
<tr><td>灌溉</td><td colspan="8">次数　日期</td></tr>
<tr><td>中耕</td><td colspan="8">次数　日期　深度</td></tr>
<tr><td rowspan="3">病虫病</td><td></td><td>名称</td><td>发生日期</td><td>防治日期</td><td>药剂名称</td><td>浓度</td><td>方法</td><td>效果</td></tr>
<tr><td>病害</td><td></td><td></td><td></td><td></td><td></td><td></td><td></td></tr>
<tr><td>虫害</td><td></td><td></td><td></td><td></td><td></td><td></td><td></td></tr>
<tr><td rowspan="4">出圃</td><td></td><td>日期</td><td>面积</td><td>单位面积产量</td><td>合格苗率</td><td>起苗方法</td><td colspan="2">包装</td></tr>
<tr><td>实生苗</td><td></td><td></td><td></td><td></td><td></td><td colspan="2"></td></tr>
<tr><td>扦插苗</td><td></td><td></td><td></td><td></td><td></td><td colspan="2"></td></tr>
<tr><td>嫁接苗</td><td></td><td></td><td></td><td></td><td></td><td colspan="2"></td></tr>
<tr><td>育苗新技术应用情况</td><td colspan="8"></td></tr>
<tr><td>育苗技术措施存在问题及改进意见</td><td colspan="8"></td></tr>
</table>

填表人：

表 5-4 苗木生长发育调查档案

<table>
<tr><td>树种</td><td colspan="5">苗龄</td><td colspan="5">繁殖方法</td><td>移植次数</td></tr>
<tr><td>开始出苗</td><td colspan="5"></td><td colspan="5">大量出苗</td><td></td></tr>
<tr><td>芽膨大</td><td colspan="5"></td><td colspan="5">芽展开</td><td></td></tr>
<tr><td>顶芽形成</td><td colspan="5"></td><td colspan="5">叶变色</td><td></td></tr>
<tr><td>开始落叶</td><td colspan="5"></td><td colspan="5">完全落叶</td><td></td></tr>
<tr><td></td><td colspan="11">生长量</td></tr>
<tr><td></td><td>日 / 月</td><td>日 / 月</td><td>日 / 月</td><td>日 / 月</td><td>日 / 月</td><td>日 / 月</td><td>日 / 月</td><td>日 / 月</td><td>日 / 月</td><td>日 / 月</td><td>日 / 月</td></tr>
<tr><td>苗高</td><td></td><td></td><td></td><td></td><td></td><td></td><td></td><td></td><td></td><td></td><td></td></tr>
<tr><td>地径</td><td></td><td></td><td></td><td></td><td></td><td></td><td></td><td></td><td></td><td></td><td></td></tr>
<tr><td>根系</td><td></td><td></td><td></td><td></td><td></td><td></td><td></td><td></td><td></td><td></td><td></td></tr>
<tr><td rowspan="15"></td><td colspan="2">级别</td><td colspan="3">分级标准</td><td colspan="4">单产</td><td colspan="2">总产</td></tr>
<tr><td rowspan="4">一级</td><td>高度</td><td colspan="3"></td><td colspan="4" rowspan="4"></td><td colspan="2" rowspan="14"></td></tr>
<tr><td>地径</td><td colspan="3"></td></tr>
<tr><td>根系</td><td colspan="3"></td></tr>
<tr><td>冠幅</td><td colspan="3"></td></tr>
<tr><td rowspan="4">二级</td><td>高度</td><td colspan="3"></td><td colspan="4" rowspan="4"></td></tr>
<tr><td>地径</td><td colspan="3"></td></tr>
<tr><td>根系</td><td colspan="3"></td></tr>
<tr><td>冠幅</td><td colspan="3"></td></tr>
<tr><td rowspan="4">三级</td><td>高度</td><td colspan="3"></td><td colspan="4" rowspan="4"></td></tr>
<tr><td>地径</td><td colspan="3"></td></tr>
<tr><td>根系</td><td colspan="3"></td></tr>
<tr><td>冠幅</td><td colspan="3"></td></tr>
<tr><td>等外级</td><td colspan="4"></td><td colspan="4"></td></tr>
<tr><td>其他</td><td colspan="4"></td><td colspan="4"></td></tr>
<tr><td>备注</td><td colspan="5"></td><td colspan="6">总计</td></tr>
</table>

填表人：

第六章 园林植物栽培

第一节 露地栽培技术

园林植物露地栽培是指完全在自然环境条件下，不加任何保护措施的栽培方式。一般露地栽培植物的年生长周期与露地自然条件的年变化基本一致。露地栽培具有投入少、设备简单、生产程序简便等优点，是园林生产、栽培中常用的形式，但露地栽培也存在产量较低、质量不稳定、抵抗自然灾害的能力较弱等缺点。在露地栽培中，根据植物生长发育的需要也可增加保护措施，如露地栽培的园林植物采取保护地育苗，有提早开花的效果；盛夏进行遮阳，可防日灼；在晚秋至初冬进行覆盖，有延长生长期和预防早霜冻的作用；冬季移入大棚等设施内进行栽培，可减轻冻害等。

一、园林植物栽植地的环境特点

生长在自然环境中的植物，其生长发育受环境影响很大，当外界环境的气候、土壤等条件与植物本身的生态习性一致时，植物生长发育良好，能充分发挥其观赏作用。当环境条件与植物的生态习性不相适应时，植物生长很差，甚至不能长期存活下去。如何做到使栽植地的环境与植物的生长要求相一致？就必须充分了解栽植地的环境因子并正确选择植物种类。当栽植地的条件与植物的生态习性不相适应时，应当通过人为措施改造栽植地的条件，使之基本满足植物的生态要求，保证植物的成活和正常生长，尽量做到适地适树。

园林植物的栽植地主要在城市、乡镇、风景区等，这些地点由于人口密度大、人类活动频繁，对环境必然会产生一定的影响，与大面积的荒山和宜林地相比，有其特殊的生态环境，并表现出很多不利于植物生长的因素。由于城市的兴建、发展和不断扩大，原来的地形、地貌改变很多。各种建筑物、道路代替了原有的植被层，新形成的下垫面的性质直接影响着城市内的光照、热量和土壤等因素，这些因素的改变，进而在一定程度上改变了城市的原有生态环境。这种变化主要表现在以下几个方面。

（1）热岛效应明显。城市内建筑物很多，楼层很高，多为水泥结构，地面的道路铺设柏油或水泥。水泥和柏油白天吸收大量的太阳辐射热，使气温升高，夜晚又会将贮藏的热量释放出来，加之高层建筑多，空气不流畅，热量不易扩散；人口密集，二氧化碳浓度高，温室效应明显，使城市的气温明显高于周围城郊和空旷地，形成热岛。

（2）土壤结构、成分发生变化。由于城市的发展和建设，市区内经常不断地修建房屋、道路，埋设地下的排水、供水、供气、供暖管道等活动，使城市原有土壤的层次、结构磨损破坏，上下混合。加上大量建筑垃圾就近埋在土内，使市内土壤中含有大量的破砖、碎瓦、石砾、沙子、石灰等废弃物，土壤结构遭到严重破坏，土壤成分发生巨大变化，不利于植物的生长。

（3）空气和土壤被严重污染。城市人口密集，居民日常的生产和生活活动向空气中放出大量的二氧化碳，成千上万辆的汽车每天要排出很多的二氧化碳和一氧化碳。工厂生产排放的含硫、氟、氯等有毒气体和烟尘等，由于空气流通性差，不能很快地扩散和稀释，而聚集在城市上空，使城市内空气受到严重污染。工厂排出的废液进入河流和土壤，各种有毒物质和重金属如汞、镉等在土壤中逐渐积累，土壤也被严重污染。在空气和土壤被严重污染的环境中，很多植物不能正常生长甚至死亡，即使有些能抗污染的植物也只能在一定的污染程度下生长，有的长势并不太好。污染对植物的生长威胁很大。

（4）排水性差。绝大多数城市内的地形、地势较为平坦，起伏变化不大，排水性能较差。在大雨或暴雨时，常用排水系统的能力差，不能及时排水，或低洼地区易积水，轻则影响植物生长，重则使植物因根系窒息而死亡。

（5）荫蔽面多和“天罗地网”密布。城市高层建筑多，遮挡阳光，使建筑物两侧接受光照的时间大大缩短，而且长短不一，差异很大。建筑物的南向或东南向，阳光充足；建筑物的北面或西北面，日照很少，过于荫蔽。阴、阳两侧形成了不同的小气候环境。高楼林立的城市，荫蔽相对增加，很多植物只有阳光充足才能进行正常生长发育，荫蔽面过多影响植物的生长发育。另外城市的上空有各类电线电缆交织，地下管道纵横交错，影响树冠向上和根系向下伸长。在地下管道密集的地点，常不能植树，只能铺设草皮。

（6）人为损伤严重。城市人口密度大，流动性大，频繁的活动对园林植物的破坏性也较大，如抚摸、撞击、折伤、刻伤、摇动等对植物的成活和生长有一定的影响。

以上这些情况在旧城区尤为严重，新城区稍微轻些。郊区和风景区由于远离城市，这种情况不明显。

二、栽植地的整理

栽植是园林植物生产和绿化施工的基本作业。承担栽植任务后，首先要进行现场勘察，了解栽植地的地形、土质和地下水位等情况，并对具体栽植点做详细调查，对土质太差、盐分含量高或土壤的酸碱度不适于既定植物的栽植点要进行土壤改良或换土。

（一）土层厚度的填充

植物正常生长发育需要一定的土层厚度。不同的植物种类对土层厚度的要求不同，一般来说，植物要求的最小土层厚度依其根系的深浅而定。草本要求较薄，乔木要求最厚。

栽植点的土层厚度要在最小土层厚度以上，但在城镇由于上述各种原因，土层厚度并不能满足各种植物的要求，就需用客土填充。

（二）土壤改良

1. 改土。若栽植地土质较差，但植物基本能正常生长时需改土。常用的改土方法是：若土壤过于黏重或过沙，则在土壤中掺入沙土或腐殖质；若土壤偏酸性或偏碱性，则可施用石灰、碱性肥料或石膏、酸性肥料来加以调节；若土壤较贫，则可在土壤中拌入腐熟的有机肥。

2. 换土。若栽植地的土质太差，不适于既定植物生长时必须换土。把栽植地的土壤挖走，填入运来的适宜植物生长的理想用土称为换客土。常用的客土有园土、塘泥、泥炭、堆肥土、腐叶土、沼泽土等。常用的有机肥料是腐熟的鸡粪、厩肥、堆肥、食用菌培植土等，有机肥的比例为 5% ~ 25%。

（三）整地挖穴

片或块植小灌木的地段一般要先精平后放线、挖穴（沟）；栽植乔木、球形苗木的地点一般先粗平，后定点、挖穴。

1. 片或块植小灌木

整理栽植地的程序和要求如下（表 6 - 1）。

（1）清理场地。清除栽植地的杂草、石头、瓦砾及其他杂物。

（2）翻耕土壤。翻耕深度在 30 ~ 35cm，要边翻土边敲碎土块，清除土中的建筑垃圾、植物残体及其他杂物。

（3）改造地形。根据施工图和排水的要求整理地形，如削高填底、堆土成山等。

（4）精平栽植地。对栽植地做进一步整理，要求做到松、平、匀、碎。若要施用有机肥，则应在翻耕土壤后将有机肥撒于土面，精平时将其拌入栽植土层。

2. 乔木、大中灌木

乔木、大中灌木一般采用挖穴栽植。栽植穴的规格一般比根幅（或土球直径）和深度（或土球高度）大 20 ~ 40cm，甚至一倍。绿篱栽植应挖栽植槽，穴或槽的周壁上下大体垂直，而不应成为“锅底”或“V”形。在挖穴或挖槽时，肥沃的表土与贫瘠的底土分开放置，清除所有石块、瓦砾和妨碍植物生长的杂物，并将肥沃的表土填入穴或槽底。土壤贫瘠的应换客土或掺入适量的腐熟有机肥。在土壤通透性差的地段可掺入沙土，以增强其通透性，并采用管道、盲沟等排水。

表 6–1 栽植绿篱挖槽规格

经营亩高度（m）	挖槽规格（宽 × 高）/（cm × cm）	
	单行式	双行式
0.5 ～ 1.0	40 × 30	60 × 30
1.0 ～ 1.2	50 × 30	80 × 40
1.2 ～ 1.5	60 × 40	100 × 40
1.5 ～ 2.0	100 × 50	120 × 50

（四）土壤消毒

若栽植土为田泥、堆肥土、腐叶土、沼泽土等带病菌较多的土壤，则应进行消毒，以减少园林植物病害的发生。土壤消毒可用硫酸铜、多菌灵、百菌清等药剂。方法是在整地时将药剂喷洒于土面，通过耕作将其与土壤拌匀，或拌入穴土。

三、栽植

木本园林植物普遍采用大苗栽植，起苗时根系受到严重破坏，根幅和根量缩小，主动吸收水分的能力降低。为了提高成活率，必须抓好三个关键：一是在苗木挖掘、运输和栽植过程中，要严格保湿、保鲜，防止苗木过多失水；二是栽植时期必须有利于伤口愈合和促发新根，尽快恢复吸收功能；三是栽植时使苗木根系与土壤紧密接触，并保证土壤有充足的水分供应。

（一）栽植时期

最适宜的栽植季节和时间，应有适合于保湿和植物愈合生根的气候条件，并且是植物具有较强的发根和吸水能力的时间。在温度低、湿度大、风速小的天气栽植可使植物减少蒸腾，利于保湿。植物根系的生长具有波动的周期性生长规律，一般在新芽萌动之前数日至数周，根系开始迅速生长，夏季高温干旱，生长缓慢或停止，但10月以后根系活动又开始加强，其中落叶阔叶树比针叶树更旺，并可持续到晚秋。因此，植物移植和定植的时间以春季和秋季为好。落叶树种一般在秋末落叶后或早春萌芽前栽植。常绿树种以在早春萌发前或梅雨季节为好。树木栽植以无风的阴天、毛毛雨天最好，晴天宜在上午或下午阳光较弱时进行。

（二）栽植前的准备

植物的栽植过程都要经过起苗、运输、定植、栽后管理四个环节，每一个环节必须进行周密的保护和及时处理，防止苗木失水过多。四个环节应密切配合，尽量缩短时间，最好是随起、随运、随栽，及时管理，形成流水作业。

1．选苗。根据设计要求的树种、树龄、数量和规格，选择符合各方面要求的苗木，并编号，以便栽植时不弄混。

2．起苗。挖掘前对分枝较多、枝条过长而比较柔软的苗木和冠径较大的灌木用绳索进行拢冠，以便挖掘和运输，并减少对树枝的损伤和折断。对树干裸露、皮薄而光滑的树木，应用油漆标明原生长地的方向。起苗时，挖掘苗木的根幅（土球直径）和深度（土球高度）要符合规格。乔木树种的根幅一般为树木胸径的 6 ～ 12 倍，胸径越大比例越小。深度大约为根幅的 2/3。

在实践中，掘苗时要注意土球的形状。一般侧根发达、主根短小的树种土球直径适当大些，高度可小些，形状呈苹果形；反之，土球直径可小些，高度要大些，形状呈梨形。起苗要遵循操作规程，防止伤根过多，尽量减少大根劈裂。对已劈裂的大根，应进行适当修剪补救。除肉质根苗木应适当晾晒外，其他树种要保持根部湿润，避免风吹日晒。当苗木长途运输时，应采取根部保湿措施。对裸根苗用浸湿的麻包片等湿物包裹根部。为减少水分蒸腾，可适当疏剪枝叶或喷蒸腾抑制剂。

3．配苗。即根据栽植设计图纸，将苗木配置到栽植位置，配苗要“对号入座”，边散边栽，配苗后要及时核对设计图，检查调整。对行道树和绿筋苗，栽植前要再一次按大小分级，使相邻的苗木大小基本一致。

（三）栽植

行列式栽植时，相邻植株的大小、高矮要基本一致，要求每隔 10 ～ 20 株先栽好对齐用的“标杆树”。若有弯干的苗，应向行内弯，并与“标杆树”对齐，左右相差不超过树干的一半，力求整齐美观。

栽植深度要适当，大苗的栽植深度一般以新土下沉后树木原来的土印与地面相平或稍低于地面（3~5cm）为宜，但在地下水位高、土壤潮湿处要适当浅栽，必要时可挖浅穴堆土栽。容器苗的栽植深度以埋过营养土面的 1 ～ 2cm 为宜。还要注意树木的方向，对于主干较高的大树，栽植方向应保持原生长方向，以免冬季树皮被冻裂或夏季受日灼危害。若无冻害或日灼，应把树形最好的一面朝向主要观赏面。

片或块植时，株行距要均匀一致，并尽量成行成列。

1. 裸根苗栽植。在穴底填些表土，放入基肥，将穴土与基肥拌匀后堆成小丘状，至深浅合适时放入苗木，使根系沿土堆四周散开并充分舒展。然后按“三埋二踩一提苗”的方法进行栽植，即一般两人一组，一人扶正苗木，一人填入拍碎的湿润表土。在填土约达穴深的 1/2 时轻提苗，使根自然向下舒展，然后用木棒捣实或用脚踩实回填土壤，继续填土至满穴，再捣实或踩实，盖上一层松土，使填的土与原根茎痕相平或略高 3~5cm，最后在穴的外缘筑土堰，浇透定根水（见图 6-1）。

图 6–1 围土堰

2. 带土球苗的栽植。在穴底填入表土，填土至深浅适宜时放入基肥，待穴土与基肥拌匀后放苗入穴，调好苗木方向。在土球四周下部垫入少量土，使树干直立稳定，拆除包装材料，然后一边填土一边用木棒捣实土球四周的松土。填土至满穴以后再揭实一次，盖一层松土，使填的土和地面相平或略高，然后沿穴的外缘筑堰，浇透定根水。

栽植容器苗时要先除掉容器。对于片或块植，要先放线后栽植。栽时要注意：一般由中心向外退栽；在斜坡栽植时，由上而下栽；对由不同色彩的植物组成的图案式花坛、地被等，一般先栽轮廓线，后由中心向外栽。

四、养护管理

（一）整形修剪

整形修剪是园林绿化生产的一个重要环节，也是园林植物养护的一项主要措施，它不仅可以对园林植物进行造型，提高观赏价值，还可以调节园林植物的生长发育状况，达到更新复壮的目的。

（二）灌溉与排水

苗木栽好以后，应立即灌一次透水，以后就根据当地的气候、土壤、植物的生态学特性，及时进行灌溉，满足植物正常生长发育对水分的要求。

1. 灌溉时期

主要根据植物各个物候期需水特点、当地气候和土壤内水分变化的规律以及树木栽植的时间长短而定。

新栽植的大树，为保证成活和生长，应经常灌溉使土壤处于湿润状态，并视情况向枝干喷水，特别在干旱和少雨雪的地区。在春季干旱严重的地区，为确保春化植物萌发开花、花朵繁茂，如海棠、迎春、碧桃、月季等要灌花前水。夏季是树木生长旺盛期，需水量大而且此时期气温也高，蒸腾量也大，如雨水不充沛时，要灌水；当夏季久旱无雨时更要勤灌溉。北方地区，冬季严寒多风，为了防寒，于入冬前灌冻水，可适当提高土壤温度，使树木免受冻害。另外在施肥后，应随即灌溉或与施肥同时进行，保证肥料的溶解、下渗，以利根系吸收。

2．灌水次数及灌水量

一年中植物需灌水次数因植物、地区和土质而异，雨水充沛的南方一般 2 ~ 3 次，北方一般需 6 次左右，具体安排在 3 月、4 月、5 月、6 月、10 月、11 月各一次。

灌水量也因树种、土质、气候及植株大小而异，耐旱的树种灌水量要少些，如松类。不耐旱的树种灌水量要多些，如水杉、池杉、马褂木、柏类等。在盐碱土地区，灌水量不宜一次过多，灌水浸润土壤深度不要与地下水位相接，以防返碱和返盐。土壤质地轻、保水保肥力差的地区，也不宜进行大水灌溉，否则会造成土壤中的营养物质随重力水流失，使土壤逐渐贫瘠。园林植物的灌水量一般以能使水分浸润根系分布层为宜。以小水灌透的原则，使水分慢慢渗入土中。

3．灌溉方法

（1）漫灌。用于低床、群植或片植的树木及草地。当株行距小而地势较平坦时，采用漫灌，但较费水，床面易板结，土壤通气不良，还容易冲倒或淹没幼苗，使基部叶沾泥，影响光合作用。

（2）树盘灌溉。于每株树木树冠圈内，挖开表土做一圈土，埋内灌水至满，待水分慢慢渗入后，将土扒平覆土，或行松土以减少土壤中水分的蒸发。此灌法可保证每株树木均匀灌足水分。一般用于行道树、庭荫树、孤植树及分散栽植的花灌木。

（3）喷灌。在大面积绿地，如草坪、花坛或树丛内，安装隐蔽的喷灌系统，既可湿润土壤又能喷湿树冠，喷水均匀，效果好，但投资较大。

（4）沟灌。在成排防护林及片林中，可于行间挖沟灌溉。

4．灌溉的注意事项

不论是井水、河水、自来水与生活污水都可灌溉，但必须对植物无毒害作用；灌溉前先松土，灌溉后待水分渗入土壤，土壤表层稍干时，进行松土保墒；夏季灌溉在早晚进行，冬季就在中午前后为宜。

5．排水

土壤中水分过多易出现积水造成涝害。各种植物抗涝力不同，不耐淹的树种如雪松、桃、杏等浸水 3 ~ 5 天叶片即发黄甚至死亡，柳、枫杨、海棠等浸水逾月仍能生长。成年树比幼年树耐涝。根系呼吸越弱的比根系呼吸强的耐涝，如葡萄耐涝。栽植深度对抗涝性也有影响，尤其是嫁接的树木，凡嫁接部位埋于地下的，易涝死，嫁接口处于地面以上的受涝较轻。发现涝象时必须立即组织排水。排水方法主要有地表径流排水和沟道排水两种。

地表径流排水是指利用地面一定的坡度，保证暴雨时雨水从地面流入江河、湖海，或从地下管道排走，这是大面积绿地如草坪、花灌木丛常用的排水方法，省工、省钱。建立绿地时即安排好倾斜坡度，地面坡度在 0.1% ~ 0.3%，地面要平整，不带坑洼。

沟道排水是指在地表挖沟或在地下埋设管道，引走低洼处的积水，使汇集江湖。沟道排水又包括明沟排水，在无法实施地表径流排水的绿地挖明沟，沟底坡度以 0.1% ~ 0.5% 为宜，一般为暴雨后抢救性排水；暗沟排水，于地下埋设管道或筑暗沟，将积水从沟内排走，此法不妨碍交通、节约用地、省劳力，唯造价较高。

（三）施肥

1．施肥时期

同一种类、同一数量的肥料，施给同一种植物时，因施入的时期不同效果也会不同。只有在植物生长最需要营养物质时施入，才能取得事半功倍的效果。具体的施肥时期由下列因素决定。

一是植物的年生育期。一年内植物生长历经不同的物候期，每个物候期来临时，这个物候期就是树木当时的生长中心，树体内营养物质的分配也是以当时的生长中心为重心的。因此在每个物候期即将来临之前，施入当时生长所需要的营养元素，才能使肥效充分发挥出来，树木才能生长良好。如果施肥不当，肥效不大还将造成损害。

一年之内，根系于地上部分萌发之前及秋末落叶之后均在快长，在早春根系生长之前及快落叶时施入基肥和磷肥，对根系生长极为有利。早春施速效肥料不宜过早，过早会导致根系尚未恢复生长不能吸收，肥分流失。

萌芽抽枝发叶期，需吸收较多的氮肥，于 3 ~ 4 月时施以氮为主的肥料，保证营养生长旺盛进行，使树木体量不断增大。6 月以后不少树木陆续进入花芽分化、开花结果期，6 月前后应控氮并及时施入以磷为主的肥料，保证花芽顺利地分化。总之，只有掌握树木生长中心的转移和养料分配规律来施肥才能取得良好的结果。

二是施肥期与植物种类及其用途有关。园林绿地上栽植的树木种类很多，又有观叶、观花、观果及行道树等之分，它们对营养元素的要求在种类、时期上是不同的。行道树、庭荫树、针叶树等以观赏枝叶树形为主，应从早春开始就施入以氮为主的肥料，促其枝叶迅速生长，叶色浓绿光亮，遮阴效果好，就算夏季也可多施氮肥，只要保证枝条能安全越冬即可。

高生长为前期型的树木，如油松、黑松、银杏等，枝叶生长和树冠迅速扩大期在 3 ~ 6 月。冬季施基肥及早春追肥非常重要，能保证枝叶及时获得必需的养料，为树木全年的体量增大打下基础，过迟施肥效果不大。

高生长为全期型的树木，如榆树、雪松、悬铃木等，枝条全年生长。这类树木除休眠期施基肥外，5 ~ 6 月枝叶速生期还应追肥，这样才能保证养料的充分供应，树木全年生长良好。

早春开花的乔灌木，如白玉兰、海棠、梅、桃、迎春等，为使春季开花量多、美、大，应于花前半月施肥，或在冬季施基肥；开花后树木进入营养生长旺期，于 4 ~ 5 月施入以氮为主的肥料；当枝干骨架形成后，即 7 月左右要控氮多施磷肥，使植物顺利通过花芽分化期。对夏花植物各种元素的施肥时期应有所不同，春季前施以氮为主的基肥，使枝叶生长茂盛，为开花打下基础；5 月初左右应多施磷肥，使花芽正常分化开花。

一年多次抽梢多次开花的植物，如月季、紫薇等，除休眠期施基肥外，每次开花后应及时追施以氮、磷为主的肥料，既促枝叶又促开花。

观果植物的施肥原则与观花植物相似。

2．施肥方法

（1）土壤施肥

施肥深度由根系分布的深浅而定，小灌木如碧桃、梅花、迎春等，根系分布层较浅，施肥宜浅；行道树、庭荫树、片林等针、阔叶乔木树种，根系分布深，施肥宜深些。一般土壤施肥深度应在 20 ~ 50cm，施肥的深度与范围还应随植物年龄的增加而加深和扩大。另外，肥料种类也与施肥深度有关。因各种肥料所含的营养元素在土壤中的移动情况不同，易于移动的元素可施得浅些，如氮素在土壤中移动性较强，在浅层施肥时，可随灌溉或雨水渗入深层，易被土壤吸附固定；而移动困难的元素，施肥宜稍深，如磷、钾元素在土壤内移动性差，应施在吸收根分布层内，供根系吸收利用，减少土壤的吸附，充分发挥肥效。

基肥一般采用迟效性的有机肥，需要较长时间的腐熟分解，并要求要有一定的土壤湿度，应深施。追肥一般以速效性化肥为主，易流失宜浅施。土壤施肥方法如下。

撒施或浇施：把肥料溶在水中浇在地面，或把肥料均匀撒在地面再覆土，这种方法施肥较浅，效益较差。

沟施：在苗行间开沟，肥料施入后覆土，当天或第二天浇水，对易挥发的肥料，沟施深度应达 5 ~ 10cm，并立即覆盖。

环状施肥法：在树冠投影圈的外缘，挖 30 ~ 40cm 宽的环状沟，沟深依树种、年龄、根系分布深度及土壤质地而定，一般沟深在 20 ~ 50cm。将肥料均匀地撒在沟内，然后填土平沟。此法的优点是肥料与吸收根接近，易被根系吸收利用。缺点是受肥面积小，挖根时可能会损伤部分根系。环状施肥通常在秋末和休眠期进行。

放射状施肥法：以树干为中心向树冠外缘顺着水平根系的生长方向挖沟，由浅而深。每株树挖 5 条或 6 条均匀分布在投影圈内的放射状沟，将肥料均匀施入沟内并覆土填平。此法伤根少，树冠投影圈内的内膛根也能吸收到养料。施肥沟的位置可隔年或隔次更换，扩大施肥面积。成年大树多采用此法。

穴状施肥法：在树冠投影圈内，按一定距离挖穴，穴的数量依树冠大小而定，近外缘多些，近树干少些。穴的大小常为直径 30cm 左右，肥料施入穴内，覆土填平。此法简单，伤根少，根系吸收面大。

全面施肥法：结合冬季全面深翻，将肥料撒入土中，肥料随雨水或灌溉向下渗透。此法的优点是根系吸收面积大、均匀，但肥料中的磷、钾成分被土壤吸附过多。在成片的花灌木丛内适用。

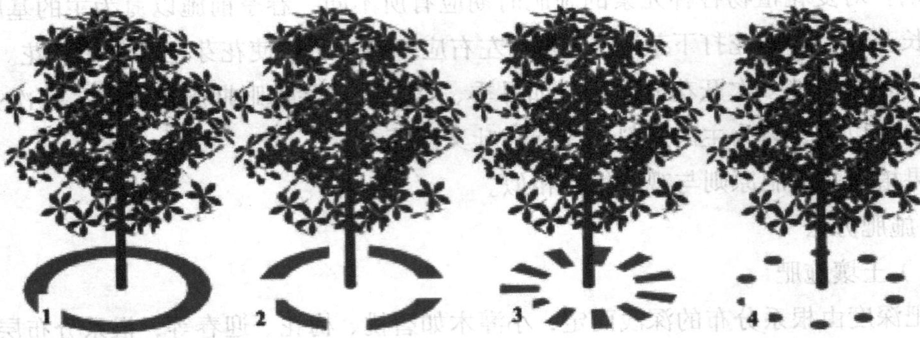

图 6–2 树木施肥法

注：1、2. 环状施肥法；3. 放射状施肥法；4. 穴状施肥法

（2）根外追肥

为解决某一元素缺乏而造成的营养缺乏症，为保花保果，为挽救树木因病虫危害而长势衰弱，欲尽快恢复树势都可采用根外追肥，用量少肥效快。如葡萄、杜鹃等缺铁时，叶片发黄，可喷施 0.1% ~ 0.5% 的硫酸亚铁或柠檬酸，重复喷 2 ~ 3 次即可恢复绿色。再如，在花灌木及果树的开花坐果期，喷施磷、钾或硼等，能多开花，减少落花、落果，提高坐果率。

3．施肥注意事项

施肥次数因植物种类而异，行道树、庭荫树等大乔木，1 ~ 2 年施一次，有条件可一年一次；花灌木及重点地段或线路上的树木，每年施基肥，花前花后各追肥 1 ~ 2 次及以上。施肥量依植株大小而异，胸径 8 ~ 10cm 的树木，每株施堆肥 25 ~ 50kg 或浓粪尿 12 ~ 25kg；胸径在 10cm 以上的树木每株施人粪尿 25 ~ 50kg。花灌木可酌情减少。

施肥时应注意卫生，特别在施人粪尿时，一定要采用沟施或穴施，肥料不能沾污枝叶，以免烧伤。

施肥结束期不能太晚，一般于 8 月底至 9 月初停止，北方还应提早停肥。

选择晴天且土壤干燥时施肥，撒施应结合浇水进行，夏季中午严禁施肥。

（四）越冬防寒

露地生长的观赏树木、行道树等，在冬季气温降低至一定程度时，枝叶树梢因低温危害而落叶、枯梢或全株死亡，或者在早春树木萌发后因晚霜和寒潮袭击而枯萎或死亡的这种现象称为低温冻害或寒害。为了使植物安全越冬，需在入冬前根据各树种对低温的忍耐能力，分别采取保护性措施，或提高植株本身抗寒能力抵御严寒，称为防寒。

1．常见的冻害类型及表现

（1）枝干冻裂。多发生在近地面的主干或主枝上，冻裂一般在树干南面多见，从距地面 5 ~ 10cm 处向上升。通常在冬季严寒、昼夜温差较大时发生。因西南向的树干，白天接受日照多，吸收了大量的辐射热，树体温度较高，夜间气温迅速降至冰点以下，树皮和外圈的木质部猛然冷却收缩，而内部木质部仍然保持较高的温度，收缩较少，结果会使树皮和外木质部绷裂。冻裂在幼树上发生多，老树上发生少；阔叶树发生多，针叶树发生少；孤植树比群植树易冻裂；低洼、排水不良处的树木比排水良好处的树木易冻裂。冻裂通常在夜间发生，多为纵向的，气温转暖后可自行愈合，当重复冻裂或伤口过大不易愈合时，往往为病菌的传染和侵袭提供了机会。

（2）树杈部冻害。枝杈处的冻害位于向内的一侧。因分杈处（主枝或侧枝）的组织成熟较晚营养物质积累不足，抗寒锻炼迟，遇到冬季昼夜温差幅度大时，易引起冻害。受冻后，皮层和形成层变为褐色，干缩凹陷。有的树皮成块状冻裂，有的顺主干垂直冻裂或劈枝。主枝与树干的夹角越小，枝杈处受冻害越严重。

（3）根茎和根系冻伤。在树木所有组织中，根茎生长停止最迟，进入休眠期最晚。当气温剧烈变化骤然下降时，地表处的气温变化更加剧烈，温差极大，常易引起根茎受冻。根茎局部受冻后，皮层与形成层变褐、腐烂或脱落。整个根茎受冻，则会引起全株死亡。

根系没有自然休眠期，温度适宜可周年活动，其抗寒能力比茎差得多。在土壤冻结较深的北方地区，分布在表层的根每年要冻死一些，特别是在少雪的年份，土壤疏松比土壤黏重处受冻害大，在较干旱的土壤中受害也较严重。一旦大部分根系被冻死，往往导致全株死亡。

（4）冻拔。冻拔在苗木和新植树木中易发生，当低温时根部土壤冻成冰团，当下层形成更多的冰层时，被拔推上升，露出地面。当气温转暖，冰团融化时，土壤下陷，树木根系留在土面以外。连续的冻拔使根折断，或低温将裸露根冻死。黏重土壤中冻拔最常见。

（5）枝条冻害。与枝条的木质化程度有关，晚秋不能及时结束生长进行抗寒锻炼的枝条，常因组织不充实含水量较多，特别是枝条顶部易受到冻害，受冻后，枝条皮层干缩，性脆易折断。早春骤暖，树木提早萌发时，寒潮一到或晚霜降临，嫩枝、嫩叶立即叶焦枝枯死亡。

（6）花芽冻害。花芽是抗寒力最弱的器官之一，分化越完全抗寒力越差。花芽受冻一般发生在春季回暖后又遇低温。先花后叶植物一般花芽较叶芽萌发早，故较叶芽易受冻害，花芽受冻后变褐色，干缩死亡。

（7）冬日晒。冬季和早春时树干向南的一面，日落后茎迅速冻结，白天日出升温融解。由于冻结和解冻交互发生，使树皮受冻，成块树皮死亡剥落。

（8）枯梢。枝条发育不充实的树木，冬季枝条干枯死亡。

2. 防寒措施

在冬季降温之前，根据各种树木耐寒能力的强弱，采取适当的方法预防冻害的发生。

（1）加强栽培管理。增强树木的抗寒力，在生长期内适时、适量施肥与灌水，促进树木健壮生长，叶量、叶面积增多，光合效率高，光合产物丰富，使树体内积累较多的营养物质与糖分，增加抗寒力。秋末及时停止施肥、灌溉，加强排水，以及夏季摘心、冬前修剪及喷药剂（喷 0.25% 的氯化钾和 0.5% 的氯乙酸）使树木提前落叶，均能预防冻害。

（2）灌冻水与春灌。冬季严寒，土温低，易冻结使根系受冻。应在封冻前灌一次透水，称为灌冻水。因为水的比热大，热容量大，冬季土壤中水分多，土温波动较小，冬季土温不致下降过低，早春不致很快升高。早春土地解冻及时灌春水，降低土温，推迟根系的活动期，延迟花芽萌动与开花，免受冻害。

（3）保护根茎和根系。入冬前灌过冻水之后堆土防寒，在根茎处用松土堆至 40 ~ 50cm 高，直径 80 ~ 100cm，将土堆拍实。过于寒冷地区，土堆可加大。据测定，土堆内温度较高，温差小，能较好地保护根茎和根系。堆土或培月牙形土堆也可预防生理干旱引起的枯梢。月牙形的土堆是在树干北面培一向南弯曲的高 30~40cm 的土堆。便内的土温较高，土壤少冻结利于根系吸水。在严寒地区，冬季气温下降至 - 30 ~ - 40℃，一般堆土已解决不了问题时，对地上部分易冻死的花灌木，入冬前将树冠拢起，于一侧挖沟，推倒树木固定，全株覆细土 40 ~ 50cm 轻轻拍紧，防寒效果极好。

（4）树干保护。包括卷干、涂白或喷白。①卷干。入冬前用稻草或草绳将不耐寒的树木或新栽植的树木的主干包起，卷干高度在 1.5m 或至分枝点处。包草时半截草身留在地面，从干基折上包起，用绳索扎紧，既可保护树干，平铺地面的草又可使土壤增温。②涂白与喷白。用石灰水加盐或石灰水加石硫合剂，对树干进行涂白，可反射阳光，减少树干对太阳辐射热的吸收，降低树体昼夜温差，避免树干冻裂。还可杀死在树皮内越冬的害虫。涂白一定要均匀，不漏涂，一条干道上的树木或群植树，涂白高度要一致。涂白后，降低树木温度，适当推迟萌发时期，可避免晚霜的危害和防止冬日冻伤（图 6 - 3）。

图 6–3　树干卷干与涂白

（5）搭风障。栽植密集的矮小花灌木，用风障遮挡北风。也可于树冠上方搭一塑料棚防寒，或在株丛四周用木条搭个略高于树木的框架，内填树叶进行防寒。

（6）打雪与堆雪。多风雪的地区，降大雪之后，及时组织人力打落树冠上的积雪，特别对树冠大、枝叶浓密的常绿树、针叶树和竹类等，可防止发生雪折、雪压、雪倒树木，造成损失。另外，堆积在树冠上的雪，在融解时吸收热量，使树体降温，还会使树冠顶层和外缘的叶子受冻而变枯焦。有时融解为雪水，冻成冰挂，应及时打落。降大雪后，将雪堆积在树根周围，保护土壤阻止深层冻结，可以防止对根的较大冻害。同时春季融雪后，土壤能充分吸水，增加土壤的含水量，降低土温，推迟根系和芽的萌动时期，又可避免晚霜和寒潮的危害。

3．防寒措施的撤除与受冻植物的管理

冬季低温结束以后，春季应适时撤除防寒措施，过早易受晚霜或寒潮危害，过迟影响树木的萌发生长和美观。一般就在当地气温稳定之后，按植物的耐寒程度，与防寒顺序相反，逐步撤去。防寒力弱的树种，首先进行防寒，最后撤除防寒措施。

发现受冻害的植物，加强管理与挽救。受冻树木形成层尚有部分存活时，要晚剪或轻剪，使枝条慢慢恢复生机；枯死枝应及时剪除，以利伤口愈合。萌发的徒长枝要保留，如无徒长枝，应多次摘心，促萌新枝进行更新。对根茎受冻的花灌木应及时进行桥接，如树皮受冻开裂、反卷时，可进行桥接补救，使之复壮。下垂枝用杆支撑，平衡树枝。

（五）其他措施

园林植物是公园和绿地中的主要组景材料，也是游人观赏、游览的对象，树木生长的好坏，关系到环境和风景的质量。树木要生长得好，除以上几项管理措施外，还要及时防治病虫害，避免各种自然灾害和人为损伤；保持树体以及修饰地面也是十分重要不可缺少的。

1. 中耕除草

中耕和除草是两个不同的概念，但往往又密切联系在一起。中耕是指把土壤表层松动，使之疏松透气，达到保水、透水和增温的目的。除草是将树冠下根部土壤表面非人为种植的草类清除掉，以减少它们与树木争夺土壤中的水分和养分。特别是对新栽植的乔灌木或浅根性树种，除草有利于树木生长。同时，除草清除了病虫害的潜伏处，可以减少病虫害的发生。

除草要掌握"除早、除小、除了"的原则。杂草开始滋生时，根系分布浅，植株矮小，除草省时、省力，易于除尽。在杂草开始结籽而未成熟时，必须及时除草，以免种子成熟落入土壤内，到第二年大量蔓延生长。风景林或片林内以及为了保护自然景观的斜坡上的杂草，只要不妨碍观瞻，一般应当保留。一是可使"黄土不见天"，减少灰尘，增加绿色调，也可以减少暴雨时的地表径流，防止水土流失；二是保持了田园情调，增加了野趣，也增添了古朴自然的风韵。

在灌溉条件较好的地方，树下的草皮、地被不宜除去，以供覆盖裸露的地面，但草种不宜过多过杂，高度要控制在 15 ~ 20cm 以下，并通过剪草使其整齐，成为绿地组成的一部分。为了减少杂草，也可人为种植一些可供观赏的草类、地被等在岩石旁或路边或树坛内，挤走杂草。既丰富了绿地的内容，也省却了除草之烦及所需的费用。

除草是一项十分繁重的工作，一般用手拔除，或用小铲、锄头除去。近年来不少地区使用化学除草剂，除草效果很好，对防除大面积荒草和碎石、条板组成的园路上缝隙内的杂草有特别重要的意义。用除草剂除草，方便、经济、除净率高。根据草种选择合适的药剂，于晴天用毒土或液体喷均匀即可。

公园绿地游人多，土壤被重复践踏而板结，透气性差，渗水不良，不利于好气性微生物活动，从而降低了土壤肥力，根系生长发育也会受到影响。为了改变土壤的通气状况，提高土温，促进肥料的分解，减少土壤水分的蒸发需要经常进行中耕松土，切断毛细管，增加孔隙度。中耕深度依树种而定，浅根性树种宜浅，深根性树种应适当加深，一般应在 5cm 以上。过浅达不到中耕的目的，太深又损伤须根过多。中耕范围最好在树冠投影圈内，其中吸收根最多，中耕效果最好。中耕应在晴天进行，雨天土壤过湿，既不便操作又破坏了土壤结构。一般宜在雨后两三天，土壤含水量在 50% ~ 60% 时进行最好。中耕次数依管理水平而定，花灌木最少每年进行 1 ~ 2 次，小乔木每年一次，高大乔木应隔年一次。夏季中耕结合除草进行，宜浅些，冬季可深些，结合翻耕施入基肥。

2. 防风

凡是风大的地区或浅根性树种，迎风而立及树冠大而浓密的树木，都要采取保护措施，在树干下风方向立支柱、疏剪树冠等。

(1)立支柱。新栽植的树木，特别是行道树，要在下风方向用木杆或水泥杆支撑树干，用绳索扎缚固定。支柱与树干之间要垫些柔软的东西，防止风摇树干时磨破树皮。对较大的乔木，立支柱时最好用三根来支撑，三个着力点，树身不会偏斜，支撑稳固。支柱的扎缚工作应在 5 ~ 6 月完成，同时认真检查所有易被风吹倒的树木有无漏扎或扎缚不牢固现象。

（2）疏剪树冠。对迎风而立的常绿树及枝叶浓密、树冠过大的树木，应适当疏剪抽稀树冠，减少对风的阻力，增加树冠的透风率，提高树木抗风的能力，避免风的危害。

（3）培土护根。浅根性和行道树、孤赏树及树坛凹陷泥土不足的树木，要加土护根，土堆拍实，防止树干动摇时将树穴搅成泥塘或积水。树根培土既有利于防风又对树木生长有利。

3. 补洞补缺

高大的乔木树种，因树龄过大树体衰弱，生长势差，对病虫的抵抗力差。树干因破伤、雨淋或人为损坏，病菌由伤口侵染，使木质部腐烂，形成大小不等的孔洞，严重时甚至会引起整株树木死亡。除具有特殊观赏价值的树洞外，一般应将孔洞堵塞补平。洞口较小时，先用硫黄粉涂抹，消毒杀菌，待树体自身慢慢愈合。如树洞过大，要填砖块或石子，抹水泥封平，并刻上与原树皮相似的纹路。

4. 加土持正

新栽植树木，下过一场透雨之后，应检查树坛是否凹陷积水，树干是否松动。发现上述情况，及时覆土填穴固定树干，排除积水，防止积水造成根系窒息腐烂死亡。如树干基部覆土过高，要耙平，预防根茎埋得过深，影响生长。对原有树木如有歪斜应扶正。落叶树种应在休眠期扶正栽植，不然易造成死亡。

5. 防日灼

夏季气温过高时，树木水分蒸发量大，树木吸收的水分常供应不足，树体温度调节困难。一些树皮光滑而薄的树种，朝南或西南方向的树干，由于阳光直射，日照时间长，树干吸收辐射热量多，温度升得过高而遭受日灼，树皮变褐、枯死、片状脱落。这是干旱和高温造成的树干局部组织死亡而引起的。

预防日灼的危害，应从增加叶量和解决水分供应方面入手。如灌溉、保水保墒，满足树木对水分的要求，充分发挥水分的调节降温作用。另外在修剪时，有目的地多留西南向和南向的枝条，减少日光直接照射。也可采用卷干的方法。卷干前先用 1% 的硫酸铜液刷洗树干来消毒灭菌。夏季应经常检查卷干草绳是否牢固或有无腐烂，腐烂时要及时更换草绳，防止霉菌侵染树干。

6. 防治病虫害

园林植物一旦发生病虫害，不仅生长不良，甚至死亡，降低绿化质量，影响景观效果。因此，进行及时有效的控制和防治病虫害是贯穿园林绿化工作始终的一项重要任务。

防治病虫害应贯彻“防重于治，综合防治”的方针和“治早、治小、治了”的原则，保护园林植物不受或少受危害。

防治措施应从栽培管理、植物选择、生物防治（以鸟治虫，以虫治虫，以菌治虫）、化学防治（药剂防治）、加强检疫、及时预测预报等方面入手。

7. 防止人为损伤

公园中的树木及街道上的行道树，处于游人的包围之中，常会遭受人为的伤害，如推摇树干、攀折花枝，在树干上刻字留念或无目的地刻伤树皮，有的居民在树干上拴绳打钉晾晒衣服或在绿篱上铺晒被褥等，都对园林树木生长不利。特别是在树上拴绳或铁丝晾晒衣物，由于树干一年年在加粗，铁丝扎缚在树干上，此处树干无法增粗，结果在铁丝上方的树干上，形成瘤状溢伤，既影响树木的美观，也对树木的生长不利。而且溢伤处往往成为病菌的侵入口，易引起木腐病，造成木质部腐烂，出现孔洞。在绿篱上晒衣被，致使绿篱被压，顶芽无法向上伸长，侧壁得不到阳光，长此以往会造成绿篱空秃或缺株，影响绿篱的立体美感，并使其失去防范作用。因此，应大力对人们进行爱树、爱花、爱草的宣传教育，发现上述现象应及时制止，使花草树木真正成为人们生活的部分。

第二节　保护地栽培

园林植物保护地栽培是指在露地不适于植物生长的季节或地区，采用人工的保护设施，通过对小气候的调节，使之适宜植物的生长发育和生产需要的一种栽培方式。用于园林植物栽培的保护地设施主要有温室、塑料大棚、阴棚、冷床、温床、冷窨，以及其他辅助设施、设备等。人们用上述栽培设施、设备创造的栽培环境称为保护地。

用于园林植物保护地栽培的设施主要有保温设施、降温设施及保护设施等。其中保温设施是最主要的保护地栽培设施，大致可分为塑料大棚和温室两类。

一、塑料大棚

塑料大棚主要由支架和覆盖物（塑料薄膜）构成，是一种简易的加温保护设施。在我国北方地区，塑料大棚主要的作用是延长植物的生长期，即起到春提早、秋延后的保温栽培作用。一般春季可提早 30 ~ 50 天，秋季能延后 20 ~ 25 天，不能进行冬季栽培。

塑料大棚一般室内不加温，靠温室效应积聚热量，其最低温度一般比室外温度高 1 ~ 2℃，平均温度高 3 ~ 10℃以上。棚内的光照、湿度等比露地更易于调节和控制，使之更适于植物生长需要。

塑料大棚与温室相比，具有结构简单、建造与拆装方便、一次性投资较少、运行费用较低等优点。薄膜的紫外光透过率比玻璃多，更能使植物健壮生长。但塑料大棚的保温性能、抗自然灾害的能力、内部环境的调控能力均较温室差。

（一）塑料大棚的类型

1．按结构形式分类

（1）单栋大棚。以单栋形式设计建造，适用于花农生产。有单斜面式、双斜面式和拱圆式。单斜面式大棚坐北向南，北侧和东、西两面有墙体；双斜面式大棚有两个屋顶坡面，没有墙体，内部受光均匀；拱圆式大棚日光入射角好，抗风雪能力强。（图 6-4）

（2）连栋大棚。它是由两个或两个以上的大棚连接为一体，形成一个室内空间较大的大棚。又分为双斜面和拱圆形连栋大棚。（图 6-5）

图 6-4 单栋大棚

图 6-5 连栋大棚

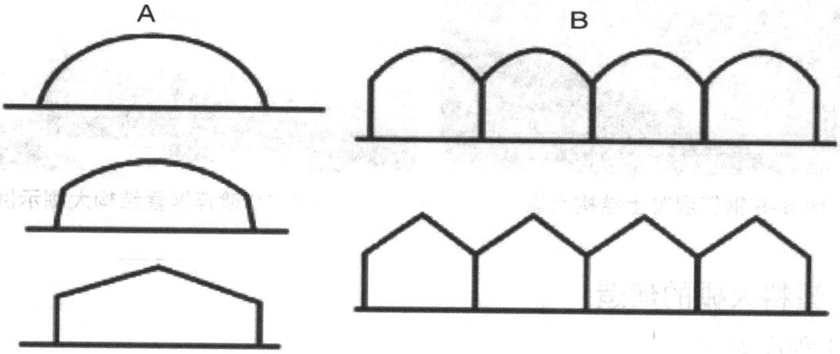

A：单栋大棚 B：连栋大棚

图 6-6 大棚结构形式示例

注：1．落地拱；2．柱支拱；3．屋脊形；4．拱圆形；5．屋脊形。

2．按结构分类

（1）竹木结构塑料大棚。室内多立柱，拱杆用竹竿或毛竹片，屋面纵向横梁和室内立柱用竹竿或圆木，跨度在 6 ~ 12m，长度 30 ~ 60m，脊高 1.8 ~ 2.5m。（图 6-7）

（2）钢筋焊接结构大棚。用钢筋或钢筋与钢管焊接成平面或空间桁架作大棚的骨架。其跨度在 8 ~ 20m，长度 50 ~ 80m，脊高 2.6 ~ 3.0m，拱距 1.0 ~ 1.2m。（图 6-8）

图 6-7 竹木结构大棚

图 6-8 钢筋焊接结构大棚

（3）钢筋混凝土结构大棚。结构与前两种基本相似，只是骨架材料是事先用钢筋混凝土按设计的规格及要求预制而成。（图 6-9）

（4）镀锌钢管结构大棚。结构无大异，骨架材料是由专门的厂家生产。大面积使用较多的是 GP 系列、PGP 系列及 P 系列。（见图 6-10）

图 6-9 钢筋混凝土结构大棚

图 6-10 镀锌钢管结构大棚示例

（二）塑料大棚的建造

大棚施工程序如下。

1. 前期准备。前期准备工作包括建棚场地的选择、现场勘测、建棚场地的清理及平整、确定建棚时间等。

2. 构建基础。根据设计要求放线、开沟、夯实、埋设基础。

3. 搭建骨架。大棚结构不同，所用材料也不同，但都是由立柱、拱杆、拉杆、压杆等组成的骨架，按设计要求安装固定牢固即可。

4. 覆膜扣棚。选晴朗无风的天气覆膜扣棚，单幅薄膜覆盖的应先覆盖两侧的薄膜（亦称裙膜），再覆盖顶上的薄膜（亦称顶膜或棚膜），并将裙膜与棚膜的边缘部分重叠。重叠处应有利于排水，即棚膜的边缘覆盖在裙膜的边缘上。为增加薄膜的严密性，常先将几片薄膜拼接成一个整体，然后再进行覆盖。

5. 安装附属构件或设备。在覆膜前或在屋架架设前，室内的大型设备如喷灌、加温系统无土栽培设施等应先行安装；小型构件可在覆膜后安装。

（三）塑料薄膜及其覆盖

1. 塑料薄膜的种类及性能

（1）聚氯乙烯（PVC）棚膜。PVC 膜具有良好的透光性，但吸尘性强，易污染，膜上易附着水滴，透光率下降快。夜间保温性能比聚乙烯膜强，而且还耐高温、抗张力、伸长力强、较耐用、撕裂后易粘补。但耐低温不如聚乙烯膜，并且相同厚度、相同重量的膜，覆盖面约为聚乙烯膜的 3/4。聚氯乙烯棚膜根据生产工艺中添加剂的不同，又有 PVC 普通膜、PVC 无滴膜、PVC 防尘无滴膜。

（2）聚乙烯（PE）棚膜。PE 棚膜透光性强，不易吸尘，耐低温性能好，耐高温性能差，相对密度轻。但其夜间保温性能不及 PVC 膜，常出现棚温逆转现象。抗张力、伸张力不及 PVC 膜，但延伸率大。由于制作时可采用吹塑工艺，所以幅度可大可小，最宽可达 10m。根据添加剂的不同，又有 PE 普通膜、PE 长寿膜、PE 长寿无滴膜、PE 多功能膜、漫反射棚膜。

（3）乙烯—醋酸乙烯（EVA）棚膜。它是以乙烯 - 醋酸乙烯酯共聚物为基础材料制成的棚膜，具有耐低温、耐老化、透光率好、机械强度高等优点，并且投入产出比更合理，被誉为我国第三代农用薄膜。目前推广的 EVA 膜有 EVA 无滴长寿膜和 EVA 高保温日光膜。

（4）无纺布。它是近年来国内出现的一种新型覆盖材料，以涤纶、丙纶、聚乙烯醇、聚乙烯和聚苯乙烯等化学纤维为原料，铺覆成网，黏结而成。它不但具有透光性和保温性能，还具有良好的透气性、吸湿性和透湿性。

2. 塑料薄膜的焊合

大棚的塑料薄膜分为裙膜和顶膜。裙膜围绕在大棚四周，覆盖在拱架或山墙立柱外侧的下部，裙膜常与覆盖于大棚上部的顶膜焊合。有时大棚薄膜需几幅来拼接，以达到要求的宽度或长度。焊接的方法有两种：一是使用薄膜热合机。高频热合机优点是焊合温度、时间能自动控制。聚乙烯膜在 110℃下焊合，聚氯乙烯薄膜在 130℃下焊合。二是可使用 300~500W 的电熨斗或 100~200W 的电烙铁进行焊合。如可用一根 4cm × 4cm × 200cm 的松木枝固定在桌子上或支架上，把两幅薄膜的边重合，上面覆盖牛皮纸，用 500W 电熨斗压熨，将两幅薄膜边熨压、黏合在一起。

3. 塑料薄膜的覆盖

生产中，大棚多用普通聚氯乙烯或聚乙烯膜覆盖。覆盖方法可分为四块薄膜拼接、三块薄膜拼接和一块薄膜覆盖。

（1）四块薄膜拼接。先用两块 1.5m 宽的薄膜作底脚围裙，上端卷入一条绳，烙合成筒，固定在大棚底部两侧，下端埋入土中。固定方法，把绳两头绑在靠山墙拱杆上，其他拱杆处用细铁丝拧紧。上部两块薄膜的一端同样卷入一条绳，焊合成筒，由棚顶部把上端重合 10cm，向下盖在底脚围裙上延过去 30cm。一个横杆间用一条压膜绳压紧。这种覆盖方法适用于比较矮的大棚，可扒开中缝放顶风，也可扒开两边放对流风。

（2）三块薄膜拼接。两侧底脚围裙上与上一种方法相同，上部用一整块薄膜覆盖，延过底脚围裙 30cm，其他与上述方法相同。此法适用于较高的大棚。

（3）一块薄膜覆盖。根据棚架两端的实际尺寸，用一块薄膜，或将几块薄膜焊合拼接后覆盖在棚架上。这种方法覆盖方便，但通风管理不便，适用于较小的拱棚。

薄膜覆盖前，在大棚两端拱杆下设置门框，但不安门。覆盖薄膜后将门框中间的薄膜剪开，两边卷到门框上，上边卷到上框上，用木条钉在门框上，即可安大棚门。

二、温室

温室是用有透光能力的材料覆盖屋面而形成的保护性生产设施，是温室植物栽培中最重要、对环境因子调控最全面、应用最广泛的栽培设施。尤其是在花卉栽培中，露地栽培正向温室化发展。

（一）温室的类型

温室的类型很多，常依据用途、结构、外形、材料等来分类。

1．按用途分类

（1）观赏温室，供展览、观赏温室花卉，普及科学知识之用。一般设置于公园或植物园内外形要美观、高大，吸引和便于游人流连、观赏、学习。

（2）生产栽培温室，供温室花卉的生产栽培使用，建筑形式以符合栽培植物的需要和经济实用为原则，不追求外形的美观。一般分为切花温室、盆栽温室等。

（3）繁殖温室，专供大规模繁殖使用。

（4）促成栽培温室，供温室花卉催延花期，保证周年供应使用。要求温室具有较完善的设施，可进行温度和湿度调节、补光、遮光、增施二氧化碳等。

（5）人工气候室，即室内的全部环境条件，皆由人工来控制。一般用于科学研究。

2．依温室结构形式分类

（1）单屋面温室。

（2）双屋面温室。

（3）等屋面温室和连栋温室。

3．根据温室是否加温分类

（1）不加温温室，也称冷室，利用太阳能来维持室内温度，冬季保持 0℃以上的低温。日光温室也是一种不加温温室，由于增加了保温设施，冬季最低温度可保持在 5℃以上。

（2）加温温室，除利用太阳能外，还采用热水、蒸汽、烟道、电热等人工加温的方法来提高温室温度。以热水、蒸汽和烟道三种加温方法应用最为广泛。

4．依屋面覆盖材料不同分类

（1）塑料温室，设置容易，造价低，应用极为普遍，形式多为圆拱形，也可用双屋面的形式。可用塑料薄膜或塑料板材（玻璃纤维板、聚氯乙烯塑料板、丙烯硬质塑料板等）来覆盖。

（2）玻璃温室，以玻璃为屋面覆盖材料，为防冰雹可选用钢化玻璃。玻璃透光性好，使用年限长。

（二）温室主要类型及其特点

1. 单屋面温室

这种温室呈东西向延长，仅有一个向南倾斜的玻璃屋面，构造较为简单、面积较小的温室多采用这种形式。一般跨度 3 ~ 6m，屋面倾斜角度常常较大，以便充分利用太阳辐射能。温室北墙较厚，可阻挡冬季寒冷的西北风，以保持室内温度，适于在北方寒冷地区使用。此种温室光线充足，保温性能好，建筑容易。但因光线只从南面透入，室内栽培的植物因具趋光性而向南倾斜，影响株形的圆整，要经常转盆，以调整株形。

2．不等屋面温室

东西向延长，朝南北的两屋面积不等，南屋面较宽，北屋面较窄，二者的比例为 4 ：3 或 3 ：2，日光从南屋面照射较多，室内花卉仍有向南弯曲的现象，但较单屋面温室稍弱。北屋面易受北风影响，保温不如单屋面好。

3．双屋面温室

多南北向延长，有东西两个相等的屋面，因此，温室内光照较均匀，室内栽培植物没有因趋光性而向南弯曲的现象。这类温室面积较大，一般跨度为 6 ~ 10m，甚至达到 15m，长度不可超过 50m。由于温室宽大，有较大的容积，当室外气温变化时，对温室内温度影响较小，有较大的稳定性。但湿度过大时，常有通风不良的病。

4. 连栋式温室

连栋式温室是由面积和结构相同的双屋面、不等屋面或圆拱形屋面温室借纵向侧柱连接起来，相互通连，可以连续搭接，形成和室内贯通的超大型温室。此类温室屋架结构简单，加温容易，温度稳定，易于维持，但光照稍差，空气不通畅。

5. 现代化温室

现代化温室是在现代温室的设计基础上，增加对温度、湿度、光照、二氧化碳等环境因子的监测和调控装置，实现对温室内环境因子的自动监测和调节。

（三）温室附属设施

1．加温设施

温室加温的方法主要有热风、热水、蒸汽、烟道等。

（1）热水加温。很适合花卉的生长发育。温度、湿度容易保持稳定，温度均匀，升温较缓慢，湿度较大。缺点是温室温度降低后，不能很快升温，且热力不如蒸汽加温大。适用于 300 ㎡以下的温室。

（2）蒸汽加温。升温快，温度容易调节，室内湿度较热水加温稍低，易于干燥，靠近蒸汽管道处，因温度较高栽培花卉易受损伤，适用于大面积加温。

（3）热风炉加温。以燃烧煤炭、重油或天然气生产热量，用风机借助管道将热风送至温室各部位。生产上常用塑料薄膜或帆布制成筒状管道，悬挂在温室中上部或放在地面输送热风。通过感温装置和控制器可以实现对室内温度的监测、设定、启动或关闭等自动控制。

2．保温设施

为了提高温室内的温度，除了白天尽可能让阳光进入温室和采取必要的加温措施外，减少夜间散热、增强保温性能是另一重要措施。生产上常用的覆盖材料和方法如下。

（1）保温帘。常见的保温材料有蒲帘、苇帘、草帘、纸被等，依照当地资源具体选用。保温帘的面积、质量和使用方式应考虑保温性能和便于操作。一般北方地区的节能日光温室多用稻草制成的长方形草帘作外保温层。草帘的一端固定在节能日光温室的后墙上，顺日光温室的前屋面垂下，覆盖保温。

（2）保温幕。即架设在温室内的内保温层。一般在温室的立柱间用尼龙绳或金属丝绷紧构成支撑网，将无纺布、塑料薄膜、人造纤维的织物覆盖在支撑网上，构成保温幕。或者将保温幕与遮阳网合二为一，夏天用作室内遮阳，冬天用作室内保温。这种两用幕用聚乙烯、铝箔制成，呈银白色。温室多通过传动装置和监测装置对保温幕实施自动控制，还可以在温室内架设棚架、覆盖草帘等构成简易的内保温层，如塑料大棚内套小拱棚等。

3．补光、遮光及遮阳设施

为了增加室内光照和改善室内光的分布，常常可以采用一些简单的补光装置。如温室内墙涂白、地面铺设反光膜等。在促成栽培温室内还可以补充光源，将白炽灯等悬挂于栽培床上方，以增加光照时间。

遮阳装置主要是为了减弱室内的光照强度，如在夏天通过遮阳降低室内温度，或为室内耐阴植物提供一个半阴的环境。常用遮阳材料有苇帘、竹帘、无纺布、遮阳网等。

4．通风降温设施

单屋面温室和节能日光温室一般在后墙上设有通风口，透光屋面上设置可以启闭的通风窗，或将塑料薄膜扯开形成通风口，双屋面温室的屋脊处设置顶窗，四周设置侧窗和肩窗。金属骨架的拱形温室也设置顶窗和侧窗。现代化温室的通风降温种类很多，其中气垫式通风保温墙是常见的一种。塑料棚的通风装置最为简单，一般在两侧设有活动薄膜，可以通过摇膜杆打开或关闭。

生产上使用的温室一般通过通风换气实现降温。如果通风换气仍不能满足降温要求，则需设置降温设备，如利用遮阳网结合排气扇的方法降温。现代化温室内多数使用湿帘降温系统或微雾降温系统。

5. 植物台和栽培床

植物台是旋转植物的台架，用于盆栽植物生产或栽培箱切花促成栽培，其形式有平台和级台两种。平台常设于单屋面温室的南侧、双屋面温室的两侧，在较大的温室中也可设置于温室的中部，一般高度为 80cm，宽度为 80~100cm，具体规格以便于操作管理为限。平台可充分利用温室空间，一般不超过三级，每级高 30cm 左右，适用于展览温室，但管理不便，不适于大规模生产应用。植物台的结构可分为木制、铁架加木板及混凝土三种，前两种台面均可用宽 6~15cm、厚 3cm 的木板来铺设，两板间留 2~3cm 空隙，以利排水，其床面高度低于温室南墙约 20cm。

栽培床或称种植床，是温室内栽培花卉的设施。栽培床分低床和高床两种。低床的床面与温室地面相平，是用砖或混凝土预制块在地面砌成的种植槽，一般壁高 30cm 左右，内宽 80~100cm。高床离地面 50~60cm，床内深 20~30cm，用混凝土制成或金属结构。栽培床的长度依温度条件和栽培床的方向而定，栽培床的方向多数与温室长轴垂直，也有与温室长轴平行的。现代温室多用能够移动的栽培床来栽培。

6. 温室环境的自动化调控系统

温室环境自动化调控系统由中央控制装置（电脑）、终端控制设备、传感器等组成。电脑根据分布在温室内各处的许多探测器所得数据，算出整个温室所需要的最佳数值，使整个温室的环境控制处于植物最适宜的状态。因而，既可以尽量节约能源，又能得到最佳的效果。自动化控制装置可进行温度、湿度、通风换气、光照等方面的调节。生产者可根据所栽培植物对环境的要求设定程序，通过计算机发出指令，进行自动调控。

三、其他栽培设施

1. 阴棚

阴棚是园林植物栽培中不可缺少的设施，播种育苗、嫩枝扦插和温室植物越夏栽培都需在阴棚内进行。阴棚具有减弱光照、降低温度、增加湿度、减少蒸腾、防风挡雨等作用。

阴棚可分为永久性阴棚和临时性阴棚，临时性阴棚除放置越夏的温室花卉外，还可用于露地繁殖。永久性阴棚经常使用，主要用于温室花卉的栽培、耐阴植物的栽培。一般设在温室的附近。

2. 温床

除利用太阳能辐射外，还需要人为加热，以维持一定的温度，生产上用于越冬或促成栽培。根据地下水位的高低，可设置地下式、半地下式或地上式温床；根据加温热能来源的不同，可分为酿热温床、电热温床、地热温床等。

酿热温床是在土层下部铺垫有机肥，如用马粪、猪粪、米糠、稻草、落叶、有机垃圾等作酿热物，利用细菌、真菌、放线菌等微生物的活动发酵产生热量来提高温床的温度。酿热物的填埋厚度应根据当地的气候条件而定，一般北方 30 ~ 50cm。注意填埋前充分拌和，以防发热不匀，并保持一定的坚实度和含水量。

电热温床是利用电流通过电阻较大的导线时，将电能转变为热能，对床上进行加温而制成的温床。

地热温床是将热水管道或烟道埋设于床面下，利用热水或热气对床面进行加热。

3. 冷室

主要用于某些不耐当地冬季寒冷气候而又有一定耐寒性的植物越冬，如十大功劳、八角金盘、一品红、万年青的防寒越冬。也可用于某些植物的促成栽培，如北方地区为使连翘、迎春、蜡梅等花木在春节期间开花，常需要在冷室内作催花处理。

冷室一般采用东西走向，采用单玻璃屋面形式，室内无加温设备，最低温度要保持在 0℃以上，建造冷室的材料应具有良好的保温性和密封性。

4. 冷库

冷库是园林植物规模化生产和周年栽培所必需的设备。冷库由库房、制冷机和控制系统组成。建造库房的材料必须具有良好的保温、保湿性能，现在多选用薄型钢板与泡沫塑料板制成的复合板。冷库的大小视生产规模和应用目的而异。最好能有内外两间，内间保持 0 ~ 5℃，外间保持 10℃左右，为缓冲过渡间，以免园林植物骤热骤冷而受到伤害。

5. 地窖（冷窖）

地窖是冬季防寒越冬最简易的一种保护地。常用于不能露地越冬的宿根花卉、球根花卉、水生花卉及花木类的保护越冬，这样既不占用温室面积，减少了冬季温室的管理工作，又能保护花卉安全越冬。地窖通常深约 1m 或是当地冻土层深度的 2~3 倍，宽约 2m，长度视越冬植物的数量而定。地窖内植物通常带土球进行叠放，盆栽的将盆叠放，较大的花木裸根时应假植于窖内。入窖植物无须浇水，也无须其他任何管理，窖顶积雪应及时扫去。

6 . 风障

风障是利用各种高秆植物的茎秆栽成篱笆形式，以阻挡寒风、提高局部环境的温度与湿度，保证植物安全越冬，提早生长，提前开花。风障是比较简单的保护地类型，是花卉生产中的一种辅助设备。在我国北方常用于露地花卉的越冬，多与温床、冷床结合使用，以提高保温能力。风障依结构不同，分为有披风风障和无披风风障两种。有披风风障防寒作用大，其主要结构包括篱笆、披风和基埂。篱笆是风障的主要部分，可用高粱秆、玉米秸、芦苇、细竹子、蒲席等扎成，一般高 2.5~3.5m，东西延长设置，向南倾斜 10° ~15° 。若设置数排风障，风障之间的距离为风障高度的 2 倍为宜。披风是附在篱笆北面基部的柴草，常用荻草和稻草制成，高 1.3~1.7m，其下部与篱笆基部一并埋入深约 30cm 的沟中，中部用横杆扎于篱笆上。基埂为风障北侧基部堆起来的土，为固定风障及增强保温效果，高 17 ~ 20cm 左右。

四、保护地环境调控技术

保护地设施建立了一个与露天不同的小气候环境，为园林植物的生长发育提供了必要的条件，但这并不意味着保护地环境已完全满足了园林植物生产的需要，还需要通过人工调节，才能实现保护地高产高效的目标。在诸多的环境因子中，光照、温度、水分、通风和土壤等的调节至关重要。

（一）光照调节

太阳光照的强度、质量和时间直接影响着植物的生长发育，作为一种热量来源，又间接地通过温度等影响植物的生产。光照的调节就是要充分利用自然光照，用人工的方法使保护地内的光照强度、光照质量和光照时间较好地满足植物的需求。

1．保护地内光照的特点

可见光透过率低。温室和大棚的覆盖材料如玻璃、塑料薄膜等能反射和吸收一部分太阳光，加上覆盖材料老化，尘埃、水滴附着，造成透光率下降至 50% ~ 80%。尤其是在冬季光照不足时，影响植物的生长。

光照分布不均匀。由于结构、材料、屋面角度、设置方位等不同，使温室内的光照分布状况有很大差别。如日光温室北侧、西侧光照较南侧和中部的要弱，形成弱光区，则会影响植物生长。

寒冷季节光照时数少。不论何种设施形式（高度自动化的现代温室除外），冬季都要覆盖草帘等保温材料，这就减少了保护地内的光照时数。

依我国目前国情来看，光照调节主要依靠增强或减弱保护地的自然光照，延长或缩短光照时间为主。

2．提高透光率

改进保护设施结构。选择适宜的建筑场地及合理的建筑方位；设计合理的建筑屋面坡度；选择合适的骨架材料，在保证温室结构强度的前提下，尽量使用较细的骨架材料；选择透光率高的覆盖材料，应选用透光率高、防雾滴耐老化性强的多功能薄膜。

改进管理措施。经常清扫，保持透光屋面洁净；在保温的前提下，尽可能早揭晚盖外保温或内保温覆盖物；确定合理的密度及种植行向，尽可能减少植物间的遮阴。密度不宜过大，种植行向以南北行向为好；地膜覆盖，利用地面反光以增加植株下层光照；利用反光，单屋面温室北墙张挂反光幕（板）或将内墙涂白，可使光照增强 40% 左右。

3. 人工补光

人工补充光照，既可以满足植物光周期的需要，调节花期；也可以作为光合作用的能源，补充自然光的不足。一般当温室内日照总量每平方米小于 10 0 W或光照时数每天小于 4.5 小时时，应进行人工补光。

光源包括白炽灯、荧光灯、高压汞灯、金属卤钨灯和高压钠灯、低压钠灯等。

补光量依植物种类和生长发育阶段确定。一般为促进生长和光合作用，补充光照强度应该在光饱和点减去自然光照的差值之间。一般补充光照强度通常为 1 万 ~ 3 万勒克斯。

补光时间因植物种类、天气阴晴状况、纬度和月份而发生变化。抑制短日照植物开花延长光照，一般在早晚补光 4 小时，使暗期不到 7 小时。在高纬度地区或阴雨天气，补光时间较长，也有连续 24 小时进行补光的。

4. 遮光

遮光可以减弱保护地的光照强度，同时可以降低保护地内的温度。

部分遮光主要是针对喜阴植物的遮光处理。一般在保护地上部，利用草席、苇帘、遮阳网覆盖而达到减弱光照的目的。

完全遮光多用于进行花期调控或育苗过程，多用黑色塑料薄膜来覆盖。

（二）温度调节

1. 保护地内温度的特点

气温的季节变化。夏季保护地内温度比室外高，除少数高温植物可以继续留在温室内养护外，其他植物必须移至室外荫棚中进行养护。冬季保护地内温度比室外高，但如遇长期的阴雨天气或日照，在不加温的情况下，保护地内外温度差异不是很显著。

气温的日变化。晴天时设施内气温昼高夜低，昼夜温差大；阴天白天温度低，昼夜温差小。

温度的逆转现象。保护地内温度比露地高，但变化快，在无多层覆盖的大棚或小棚内，日落后的降温速度往往比露地快，会出现棚内温度低于室外温度的“逆转现象”。

温度的分布。保护地内温度分布不均匀。晴天白天保护地上部温度高于下部，中间温度高于四周；夜间日光温室的北侧温度高于南侧；保护地面积越小，低温区比例越大，分布也就越不均匀。

地温的变化。与气温相比，地温的季节变化和日变化均较小。

2．保温

保温主要是防止温室内的热量散失到外部。

减少散热。选用各种保温的覆盖材料，如中空的复合板材、固定式双层玻璃或薄膜、双层薄膜充气结构；采用多层覆盖，如室内覆盖、室外覆盖；减小覆盖材料的缝隙，增加门、窗及屋顶的密封性。

加大地表蓄积热量。减少土壤的蒸发和植物的蒸腾，增加白天贮存的热量；设置防寒沟，在温室周围挖一条宽 30cm、深达冻土层的沟，沟内填入稻壳、柴草等保温材料；增大覆盖物的透光率；正确掌握揭盖覆盖物的时间，在不同季节、不同天气情况揭盖覆盖物的时间不完全一样，要在实践中不断摸索、总结、掌握。

3．加温

人工补充温室内热量，维持温室内一定的温度水平。

（1）火道加温。炉灶设在保护地外，通过炉灶的烟火道穿过保护地散热加温，设备简单。

（2）锅炉加温。用锅炉加热水，把热水或蒸汽通过管道输送到保护地内，再经过散热器把热量扩散到室内。

（3）热风加温。利用热风机把保护地内的空气直接加温，特点是设备简单、造价低、搬动方便。

土壤加温。包括电热加温、酿热加温、水暖加温三种方式。电热加温是指把电阻式发热线埋于苗床下，进行土壤加温，主要用于苗床育苗；酿热加温是指利用作物秸秆和枯落物、厩肥、糠麸、饼肥等有机物质，按一定的比例混合堆放发酵，利用发酵热增温；水暖加温，在采用水暖采暖的温室内，在地下 40cm 左右深处埋设塑料管道，用 40 ~ 50℃温水循环加热。

4．降温

（1）通风降温。同时具有降低保护地内空气湿度和补充二氧化碳的作用。

（2）冷却系统降温。在温室进口内设 10cm 厚的纸垫窗或棕毛垫窗，不断用水淋湿。另一端用排风扇抽风，使空气先通过湿垫窗再进入室内。利用水蒸发吸热，来降低保护地温度。

（3）屋面淋水。在屋面顶部配设管道，在管道上间距 15 ~ 20cm 打 3 ~ 5mm 的小孔或每隔半米安装一个喷头，通水后，水沿屋面均匀流下，起到降温作用。

（4）喷雾降温。在室内高处喷以直径小于 0.05mm 的浮游性细雾，用强制通风气流使细雾蒸发，达到降温的目的。喷雾装置不但能降低室温，还能增加湿度。

（5）遮阳降温。利用遮阳网、遮阳百叶帘或卷帘遮阳降温。

（三）水分调节

1. 保护地的湿度特点

（1）湿度的季节变化。一般情况下，保护地内相对湿度高于外界，尤其在冬春季节，因温室结构严密、多层覆盖和减少通风，室内空气湿度一直保持较高的状态，容易引发病害。但在夏秋季，室外温度高、光照较强，则会出现设施内湿度太低的状况。

（2）湿度的日变化。气温升降是影响相对湿度的主导因素，室内相对湿度大小与气温高低呈负相关。设施内相对湿度一般比室外高，白天多在 70% ~ 80%，夜间可在 90% ~ 95%。白天室温升高，饱和水气压剧增，相对湿度下降，最小值常出现在 14 ~ 15 时。

2. 空气湿度的调节

温室内的空气湿度是由土壤水分蒸发和植物体内水分蒸腾在温室密闭环境内形成。

（1）降低空气湿度。通风换气，通过通风降低室内湿度；加温除湿，通过加温降低相对湿度；覆盖地膜，减少土壤水分的蒸发；适当控制灌水量，采取合适的灌水方式，可采用滴灌或地中灌溉，降低土壤含水量，减少土壤蒸发；使用除湿机或利用除湿材料降低室内湿度。

（2）提高空气湿度。室内修建贮水池；湿帘加湿；喷雾加湿。可在温室内顶部安装喷雾系统，降温、加湿同时进行；也可根据面积选用合适的喷雾器，在中午高温时使用。

3. 控制叶面蒸腾

使用化学药剂关闭气孔；增加 CO_2 浓度，减小气孔张开度；加强或减少室内通风。

4. 控制土壤湿度

主要通过灌溉的方式和控制灌溉量调节土壤的湿度。

（四）二氧化碳调控

由于温室是个密闭的环境，空气流动性差，其气体构成和浓度也与露地不同。白天室内氧气含量较高，而夜间氧气含量较少。室内二氧化碳浓度一般白天比露地低，严重制约植物的光合作用，而夜间室内二氧化碳浓度较高，影响植物的呼吸作用。

1. 二氧化碳浓度调节

二氧化碳浓度的控制主要是通过通风和施用二氧化碳来实现的。通风可以使在长时间密闭的温室内增加二氧化碳浓度，也可以降低二氧化碳浓度。冬季由于保温的需要而无法通过通风来补充二氧化碳时，则需采用人工措施增加二氧化碳浓度，也称二氧化碳施肥。

补充二氧化碳的时间，随季节而变化，也受到光照、湿度、植物种类限制。一般在日出后半小时开始施用，阴天或低温时一般不施用。

二氧化碳施用的方法有：有机肥腐熟法，1 吨有机物最终可释放 1.5 吨二氧化碳，保护地可大量施用有机肥补充二氧化碳。燃烧含碳燃料法，焦炭二氧化碳发生器，以燃烧焦炭或木炭补充二氧化碳。瓶装二氧化碳法，瓶装二氧化碳为液体或固体，经阀门和通气管喷施在室内。化学反应法，采用碳酸盐和强酸反应产生二氧化碳，反应式如 $CaCO_3+2HCL \rightarrow CaCL_2+CO_2+H_2O$。

2．保护地内的污染

温室内由于空气流动性差，有毒有害气体的浓度也较高。空气污染物质在保护地内是十分危险的，其中一部分来自原有空气、城市或工厂污染；一部分来自室内施肥、燃烧、残枯植株、不适当的施用农药和除草剂等。主要成分有氨气、二氧化氮、二氧化硫、乙烯、氯气等。这些污染物质，在很低的浓度下就会对植物造成很大的危害。

目前，最可行的方法是加强室内管理，不堆放杂物；正确使用农药、土壤消毒剂和肥料；避开城市污染区建设保护地等。

五、保护地栽植技术

（一）保护地内园林植物种类的选择

园林植物种类繁多，习性各异，所要求的栽培条件和技术繁简各不相同，其商品形态和市场需求也不相同。因此，选择适宜的植物种类，是确定生产经营方式和保护地生产效益的首要问题。

1．适情选择

适情即适合当地保护地条件。一方面，选择的植物种类适于在当地保护地内生长发育，能达到应有的产量和商品品质；另一方面，能最大限度地降低生产成本。

2．需求选择

市场的需求才是生产的目的。

（1）选择市场容量大的种类。根据国内外的市场行情及发展趋势，选择市场前景好的植物种类进行栽培生产。

（2）选择有特色的种类。一个生产单位或花农，在有限规模的保护地上，生产的种类过多会增加栽培成本。专业化生产是发展的趋势。

（3）选择适宜规模生产的种类。规模化生产是提高保护地生产效益的重要途径。有些种类虽然商品价值高，但由于繁殖困难或种苗来源得不到保证，不易形成规模，也不宜作为保护地栽培的主要品种。

（4）选择观赏价值高有发展潜力的种类。观赏价值高的销路好，经济效益也可观，能调动生产者的生产积极性。

（5）选择保护地反季节生产性能好的种类。反季节生产是保护地的优势，应选择反季节生产性能好的种类。

（6）选择优良品种。在相同的栽培和技术条件下，优良品种的产量高、质量好，会带来更高的收益。

（二）保护地的布局

1．连片配置，集中管理

在集约经营中，保护地多是连片配置，以便集中管理，提高设施的利用效益。

2．因时因地，选择方向

建造温室或大棚等保护地时，必须考虑设施的采光和通风，这就涉及设施建造的方向。温室、大棚的屋脊延长方向（或称走向）大体分为南北和东西两种。温室、大棚的走向与采光和通风密切相关。在我国北方地区，冬季太阳高度角小，以节能日光温室为主的单屋面温室以东西向延长为好，这样得到的光照较多，蓄热保温性能好。对于连栋的双屋面现代温室，南北延长和东西延长的光照没有明显的差异，但在实际生产中采用南北延长的较多。

3．邻栋间隔，宽窄适当

温室与温室之间的间隔称邻栋间隔。如果从土地利用率来考虑，其间隔越窄越好；但从通风透光考虑，间隔不宜过于狭窄。

一般来说，塑料大棚前后排之间的距离应在 5m 左右，即棚高的 1.5 ~ 2 倍。这样，即使在冬季，前排大棚也不会挡住后排大棚的阳光。大棚左右的距离，最好等于大棚的宽度，并且前后排位置错开，以保证通风良好。对于温室来说，东西延长的前后排距离为温室高度的 2~3 倍以上，南北延长的前后排距离为温室高度的 0.8 ~ 1.3 倍及以上。

4．温室的出入口及畦的配置要恰当

温室的出入口及内部道路的设置应有利于作业时机器、生产资料及产品的出入和运输。温室出入口有两种类型，即腰部出入和端部出入。一般延长方向超过 50m 的温室用腰部出入，小于 50m 的多用端部出入。

（三）保护地栽培技术

园林植物保护地栽培技术通常有地栽、盆栽两种方式。

地栽主要用于大面积的冬春季节切花生产，如非洲菊、香石竹、马蹄莲等；节日花卉的促成栽培，如一串红等；需要地栽观赏的花卉，如棕榈类等。

适时栽植、适宜栽植密度、正确的栽植方法是提高地栽成活率的关键步骤。

（1）栽植前准备。包括选择种球和苗木，以及进行土壤准备。种球要选择合适的产地，保证规格适宜并大小一致，提前做好打破休眠的处理。苗木要减少起苗、运输过程中的操作并保持湿润，苗木运输中尽可能带盆或带土坨，并尽量减少运输时间。土壤准备是指根据栽植的植株种类确定整地的深度及整地方式。方法与露地栽植基本相同。

（2）栽植技术。包括确定栽植时期、栽植密度、栽植深度，以及采用合理的栽植方法。栽植时期的确定要根据栽植到上市的时间、季节，要考虑花期调控的需要，要在适宜的花卉发育阶段。栽植到上市的时间因不同的植物种类而不同。要正确掌握，适时栽植。

如唐菖蒲从栽植到上市为 90 ~ 100 天，芍药为 60 ~ 70 天。保护地内没有季节，但早春或秋季仍然为主要栽植季节。长日照或短日照植物为了补光或遮光的需要，要在季节的日长变化不适于控制花期前入室。为了避免秋季日长变短的影响，一般在 8 月下旬入室栽植。植物宜在休眠期、小苗期或花芽分化后栽植；对根系来说，根系一年有几个集中生长期，要在根系没有旺盛生长前栽植。

保护地内主要是地栽切花、观叶植物。密度的确定主要考虑以下原则：①保护地的环境调控条件。若加温条件好、人工光照能得到有效的补充，肥水条件好，可适当增加密度；若控制条件差或仅为日光保护地，密度应适当降低。②栽培植物种类。不同植物种类和植株的大小不同，栽植密度应不同；生长发育习性不同栽植密度也不同，在保护地内生长期很短的可密植。球根类种球大则宜疏，种球小则宜密。具体原则应以成株枝叶略微搭接为主。③所需产品的规格。若需生产较大规格的产品，密度适当减小，若规格要求较低则可略密。若以生产种苗或种球为目的，密度也应不同。密度大小很重要，它决定着植物产品的产量和质量。一般是密度过大则产量高，但质量很难保证。适宜密度就是要产量和质量都达到生产目的。一般保护地内的栽植密度比露地略大。

苗的栽植深度以刚埋没根茎处为准，球根类以覆土厚度为球径的 2 ~ 3 倍为准。不同的种类有明显差异。与露地栽植基本相同。

栽植方法包括平畦栽植、沟垄栽植、种植池栽植。平畦栽植是指不做沟垄，在畦内平栽。沟垄栽植是指在畦内，按行距做好沟垄，定植幼苗和种球。怕积水的花卉一般植于垄上，宿根类则常植于沟内。种植池栽植是指在种植池内按一定密度种植。

（3）栽植后管理。包括灌水、加温、控光、观察记录。栽植后应充分及时灌水，使苗木的根或种球与土壤和基质接触密实，促使成活或萌发。栽植后，为达到适时上市，应立即加温，避免花期拖后。苗木已生有叶片，应逐步实施控光；若为落叶或球根等萌发新叶后再开始控光从栽植开始，经常观察，及时记录温度和光照的变化，准确了解花卉萌发、抽叶等生育阶段的时间，以便及时控制环境达到适时上市。

第三节 大树移栽

一、大树移植概念

在园林建设中，为了加速形成景观，在短期内达到绿化设计的效果，往往需要进行大树移栽。大树是指胸径在10cm以上，或树高4～6m以上，或树龄10～50年或更长的树木。

（一）大树移栽的目的意义

一是调整绿地树木密度，初植密度大，随着生长调整密度。二是对建设工地原有树木进行保护，尽可能保留和必要性移植。三是城市景观建设需要，易形成景观，但不能过分强调大树。大树进城，要适度控制。

（二）大树移植特点

1. 成活困难

（1）年龄大，发育深，细胞再生能力下降，根系恢复慢。

（2）水平根、垂直根范围小，新根形成缓慢，有效地吸收根处于深层和树冠投影附近，而移植所带土球内吸收根很少，且会高度木栓化，故极易造成树木移栽后失水死亡。

（3）树体高大，蒸腾作用大，地上部蒸腾面积远远超过根系的吸收面积，树木常因脱水而死亡。

（4）土球易破裂。

2. 移植周期长。作移植前断根处理，需几个月或几年。

3. 工程量大、费用高。规格大，技术高，机械化程度高。

4. 限制因子多。

（三）大树移植原则

1. 树种选择原则。移植成活容易的，寿命长的。

2. 树体选择原则。树体规格适中：并非规格越大越好，严禁破坏自然资源。树体年龄：慢生树20～30年生，速生树10～20年，中生树15年，乔木树种高4m、胸径15～25cm。生态适应性原则：就近选择，使移栽的树木能适应新栽植地的环境，提高成活率。科学配置：突出大树在园林景观中的位置，形成主景、视觉焦点。科技领先原则：降低水分蒸腾；促进萌生根系；恢复树冠生长。

二、大树移植技术

（一）大树移植前准备

1. 按设计要求的品种、规格及选树标准（正常生长的幼壮龄树木，未感染病虫害，未受机械损伤，树形美观、树冠完整）号树，号树后在树身用红漆做标志，并将树木的品种、规格（高、干、分枝率、冠幅）登记。

2. 对该树的土质、周围环境、地下管线、交通路线及障碍物进行详细调查，以确定是否有条件按规格标准掘起土球，是否具备安全运输条件。

3. 准备各种工具、材料、运输、安全标志及通行证、挖掘大树的有关审批手续等。

（二）移栽时间选择

选择最佳时期，可以提高成活率。

春季移植：早春为好，树液开始流动，枝叶开始萌芽生长，根系易愈合，再生能力强。

夏季移植：树体蒸腾量大，不利于移植，需进行处理，例如加大土球、强度修剪、树体遮阴。

秋季移植：水分和温度适宜，有利于根系的恢复，移植成活率高。

冬季移植：使用较少，不宜于低温、寒冷的地方。南方冬季移植应保温防冻。

（三）大树移植前的处理

1. 断根处理。为了提高大树移栽的成活率，保证所带土球内有足够的吸收根最关键。为此，一般在移植前，对大树进行促根断根待形成大量的吸收根后才移植，在大树移植前 1 ~ 3 年，分期切断树体根系，以促进侧根、须根生长。①以树干为圆心，以胸径的 3 ~ 4 倍为半径画圆环挖沟断根。沟宽为 30 ~ 50cm、深 50 ~ 80cm。②用 0.1% 浓度的萘乙酸涂抹根的切口，促生新根。③拌着肥料的泥土填入夯实，定期浇水。一次性断根对树木损伤较大，若时间充裕，最好分年分段进行断根。

2. 平衡修剪。在大树移植前需对大树进行修剪，修剪的强度依树种而异。萌芽力强的、树龄大的、枝叶稠密的应多剪，常绿的、萌芽力弱的宜轻剪。根据修剪的程度可分为以下修剪方式。

（1）全株式：全株式在原则上保留原有的枝干树冠，只将徒长枝、交叉枝、病虫枝及过密枝剪去，适用于萌芽力弱的树种，如雪松、广玉兰等，栽后树冠恢复快、绿化效果好。

（2）截枝式：只保留树冠的一级分枝，将其上部截去，常应用于香樟、小叶榕等一些生长较快、萌芽力强的树种。

（3）截干式：截干式修剪，只适宜生长快、萌芽力强的树种，将整个树冠截去，只留一定高度的主干，如悬铃木、国槐等。由于截口较大易引起腐烂，应将截口用蜡或沥青封口。

3. 树冠用麻绳收冠，以防在装卸、运输时碰折枝梢，绳着力点垫软物，以免擦伤树皮。

4. 树体高大并有倾斜时，在挖前用竹竿或木棒将树支撑，以防倒伏。

三、大树移植方法

（一）带土球方箱移植法

此法吊装运输比较安全，不易散坨，因而，常用于移植胸径在 20cm 以上的常绿大树或古树，尤其适于移植沙质土壤中的大树。

1. 掘树和运输

掘树前，先要确定根部所带土台的大小，一般土台的边长是树木胸径的 7 ~ 10 倍，高 80~100cm。土台大小确定以后，以树干为中心，比土台大 10cm 画一正方形线，并铲去正方形内的表面浮土，然后沿线外缘挖一宽 60~80cm 的沟，沟深与所确定土台的高度相等。碰到较大的侧根用锯锯断，截口留在土台里。土台上端的尺寸与箱板尺寸一致，土台下端尺寸应比上端略小 5cm。土台侧面应略突，以便于箱板紧紧卡住土台。

土台修整好之后，先上四周侧板，然后上底板。土台表面比箱板高出 1cm 以便吊起时下沉，最后在土台表面铺一层蒲包，上“#”字形板。木箱上好后，即用吊车吊装，在大型卡车上运往栽植地。装车时，树冠一般向后，树干与支架或车厢连接处要垫蒲包片、麻袋等，以防磨伤树皮。

2. 栽植

（1）挖穴。挖前按设计要求定点，并测量标高。栽植穴的宽深要分别比木箱大 50 ~ 60cm，深 20 ~ 25cm。挖好穴后在穴底回填些疏松的土壤，然后施入基肥，并把基肥与土壤拌匀，最后在穴底将土堆成方形土台。

（2）吊树入穴。先在树干上捆好汽车轮胎片、麻袋、蒲包片等，然后用两根等长的钢丝绳兜住木箱底下部，将钢丝绳的两头扣在吊钩上，即可将树直接吊入穴中。若树木的土台坚实，可在树木还未全部落地前将木箱中间的底板拆除，若土质松散可不拆除。在木箱吊至栽植穴上方靠近地面时，用脚踏木箱的上沿，调整树木方向，校正树木位置，使木箱落入穴中的方形土台上。将木箱放稳后，拆除两边底板，抽出钢丝绳，用竹竿或木竿将树体支稳。

（3）拆除箱板和回填土。先拆除上板，然后回填土壤。填土至穴深的 1/3 时，再拆除四周的箱板，接着再填土，边填边捣实，直至填满为止。

（4）浇水。沿穴边缘筑堰，浇透定根水。

（二）带土球软材料包装移植法

在移植较小规格的树木及土球较坚实的大树时采用此法。

1．掘树

（1）确定土球的大小。一般按土球直径为树木胸径的 7 ~ 10 倍、高度为土球直径的 2/3（深根性树种可加大）来确定。若选用苗圃假植的大树，则按假植时所带土球的大小来挖即可。

（2）挖掘。以树干为中心，按比土球直径大 3 ~ 5cm 的尺寸画圆圈。然后沿圈挖沟，沟宽 60 ~ 80cm。挖至应挖深度的 1/2 时，边挖边修整土球。使之上大下小，碰到粗根时用枝剪剪断或用手锯锯断。挖树前用竹竿或木杆支撑树木，防止在挖掘过程中树木倒伏，压伤施工人员或行人。

（3）打包。打包的方法有多种，如简易式、井字式、五星式、网格式。根据运输距离的远近确定打包的方式。需远距离运输时采用精包装，即用草绳在土球的中上部扎 20cm 左右的腰箍外，球体表面全部用草绳紧密缠绕满即网格式包。在短距离地，可用半精包装，即球体表面用草绳缠绕，草绳间的距离为 3 ~ 5cm，用同样的方法包 2 ~ 3 层或用五星式，井字式包扎。

2．吊装和运输

在吊运中要保护好土球，避免破碎散坨。起吊时绳索的一头栓住土球腰的下部，另一头拴在主干的中部，大部分重量落在土球的一端，在土球与绳索间插入厚木板，以免绳索嵌入土球切断草绳，造成土球破损。树干拴绳处要包裹轮胎片等。

装车时，土球向前，树冠向后。土球两旁垫木板或砖块，使土球稳定不滚动。树干与车厢接触处用软材料垫起，防止擦伤树皮。用绳索将树冠捆起，以免树冠拖地而受损伤。运输途中要尽量避免风吹日晒，并且要慢速行驶。

3．栽植

先按设计要求来定点，在定植点上挖栽植穴。栽植穴要比土球直径大 30 ~ 40cm，比土球高度深 20 ~ 30cm。在穴底回填些土壤，施入基肥，并将基肥与土壤混匀，最后将穴土堆成半圆状。

吊树入穴，起吊时，应使树直立，在靠近地面时调整树木的方向，使栽植方向与原方向一致，或将树形好的一面朝向主要观赏方向。然后慢慢将树放入穴内的土堆上，解除包装。用竹、木支稳树木后，边填土边捣实土壤，直至填满为止。

再沿栽植穴边缘筑堰，浇第一次水，水量不要太大，起到压实土壤的作用即可。2~3 天后浇第二次水，水量要足。再过一周浇第三次水，待水下渗后即可松土地、封堰。

（三）裸根移植法

大规格的落叶乔木及裸根移植容易成活的常绿树常用此法来移植。

1．重剪

移植前对树冠进行重修剪。主干明显的树种，如银杏、毛白杨等，应将树梢剪去，适当疏枝。对主干弱的和萌芽力、成枝力强的树种，如国槐、法桐、元宝枫等，可将分枝点以上的树冠截去，或按需定干和留主枝。

2．挖掘

树木带根的幅度一般为其胸径的 8 ～ 10 倍，并尽量多带须根。先以树干为中心画圆圈，然后沿圈向外挖沟断根，沟宽 60 ～ 80cm，向下挖至 70cm 左右仍不见侧根时，应缩小半径向土球中部挖，以便切断主根。粗根用手锯锯断，不可用斩断，以防劈裂。主根和全部侧根切断后，将沟的一侧挖深些，轻轻推倒树干。

3．装运

进行远距离运输时，装车前要对树木进行保湿包装，即用湿的稻草、苔藓、麻袋、蒲包片等包裹树木的根部及树干。装车时，车厢底板垫湿物，树上盖帆布，以防风吹日晒。运输途中要适当喷水保湿，装卸时要轻抬轻放。

4．栽植

栽植穴的规格要比根幅大 20 ～ 30cm，加深 10 ～ 20cm。栽前适当修剪树木的伤枝、伤根。回填些熟土，施入基肥，并将穴土堆成半圆状，然后吊树入穴，将根立在土堆上，回填土壤。填土至一半时，抱住树干上提或摇动，接着填土，要边填边捣实，直至填满为止。最后筑堰浇水。

栽植深度，与原土痕印相平或深 3 ～ 5cm，若栽植点地下水位高、土壤潮湿，则应挖浅穴堆土栽植。所移植的大树若是没有提前断根、修剪的树木，最好在栽后浇 50 ～ 100mg/kg 的 ABT 生根粉溶液，或在掘树时用生根粉液涂抹根的截口，以促发新根。栽时对粗枝的截口，要用蜡、沥青、油漆等封口。

四、移植后的养护管理

大树的再生能力较弱，移植成活困难。养护管理对新植大树的成活非常重要。应重点抓好保持树体水分平衡和树体保护两方面的工作。

（一）保持树体的水分

1. 地上部分保湿

（1）包干。大树移植后及时用草绳、蒲包片、苔藓、麻袋、塑料薄膜等严密包裹树干和较粗的分枝。用塑料薄膜包裹有以下两种方法：一种方法是先用稻草或草绳包裹树干和粗枝，然后再在稻草或草绳外包塑料薄膜；另一种方法是用宽 10cm 左右的塑料薄膜条直接包裹树干和粗枝。塑料薄膜包裹法在树木休眠期效果较好，但在树木萌芽前应及时调换成草绳、蒲包片等。因为塑料薄膜的透气性能差，不利于被包裹树干的呼吸，尤其在高温季节，包裹物内热量难以及时散发而导致局部高温，灼伤枝干、嫩芽和隐芽，对树木造成伤害。

经包裹处理，可减少树干水分散失，且可贮存一定的水分。包干不仅可使树干经常保持湿润，还可调节枝干的温度，减少高温和低温对枝干的伤害。

（2）喷水。喷水可降低叶面温度，增加周围空气湿度，从而使树木的蒸腾量减少，还可给树体补充一定量的水分。喷水要求细而均匀，喷及地上各个部位和周围空间。喷水的方法有：在树冠上方安装细孔喷头进行喷雾、用高压水枪喷雾、用胶管引水喷淋。也可采用“打点滴”的方法给树体供水，方法是：在树枝上挂若干个盛满清水的盐水瓶，运用打点滴的原理，让瓶内的水慢慢滴在树体上。

（3）遮阳。大树移植后若遇高温、强光，则要架设荫棚遮阳。再成行、成片种植，密度较大的区域架设大棚，孤植树宜按株架设。架棚时，棚顶与树冠保持 50cm 以上的距离，遮阳度为 70% 左右。树木抽发新根、生长稳定后可逐步撤除遮阳物。遮阳物可降低棚内温度，减少树体水分散失。

2．促发新根

（1）控水。新植大树根系吸水能力较弱。对土壤水分的需求量较小，因此，只要保持土壤湿润即可。土壤含水量过大，反而会影响土壤的透气性能，影响根系呼吸，不利于抽发新根，严重的会导致烂根甚至死亡。因此，一方面要严格控制浇水量，另一方面要防止树穴积水。

（2）保护新芽。树木地上部分萌发的新芽对根系具有刺激作用，能促进新根萌发。因此，要保护好移植初期树木萌发的新芽，特别是枝条截口萌发的芽，让其抽枝发叶，待树木成活后再进行修剪整形。树木萌芽后，要加强喷水、遮阳、病虫害防治等养护工作，以保证嫩芽、嫩枝的正常生长。

（3）保持土壤通气良好。一方面要经常疏松树穴周围的土壤，防止土壤板结；另一方面要保持土壤通气设备（栽植时埋设的通气管、通气竹笼等）良好的通气性，发现通气设备阻塞或积水时要及时清理。

（二）树体保护

1．支撑

高大乔木，栽植后应立即立支柱支撑树木，防止大风松动根系。以正三角支撑为好，支撑点为树体高度的 2/3 处，支柱根部应入土中 50cm。支柱与树体接触处要包裹软物，以防损伤树皮。

2．防治病虫

应坚持预防为主的方针。栽时可在种植土中混拌些杀菌剂，如石灰、多菌灵等，栽后要勤检查，一旦发现病虫害，要对症下药，及时防除。

3．施肥

施肥有利于恢复大树的树势。大树移植初期，根系的吸收能力差，宜用尿素、硫酸铵、磷酸二氢钾等速效肥料作根外追肥，浓度为 0.5% ~ 1.0%，一般每半个月施一次。大树抽发新根后，可进行土壤追肥，要求薄肥勤施。

4．防冻

新植大树当年萌发的新根和枝梢易受低温冻害，要做好保温防寒工作。一方面，入秋后停止施用氮肥，增施磷、钾肥，并使树木光照充足，以促进新根和枝梢的木质化，提高树体自身的抗寒能力。另一方面，在入冬寒潮来临前，采用覆土、地面盖草、设风障、架设塑料大棚等措施保温防寒。

在易受人畜破坏的区域内，除做好爱护树木的宣传教育工作外，还可设置围栏加以防护。

第四节　促成栽培

促成栽培是人为地利用各种措施，改变温度或光照条件，使植物提前或推迟生长发育。

一、促成栽培的原理和措施

（一）促成栽培的原理

植物的生长发育是按一定的物候顺序进行的，植物由生长转向发育，是植物体内固有的一种机制。这种机制未达到一定的阶段，虽有温暖的气候和丰富的营养也不能使其向前发展。控制开花的机制主要是由春化作用和光周期等决定的。

春化作用指一些植物开花前必须经过一定的低温阶段才能开花。如果在生长的某一阶段未能满足植物对低温的要求，花芽形成困难，即便有些植物在较高的温度下分化出花芽，但在翌春开花季节不开花或开花极差，如早春开花的梅、碧桃、丁香。再如二年生的草本花卉三色堇、香豌豆等由秋播改为春播，幼苗未经低温处理，只能完成生长过程，无法开花。

春化不是唯一促进和影响植物开花的因素，昼夜的长短也对一些植物开花有控制作用。短日照植物要求在长夜条件下形成花芽开花，另一些植物则要求在长日照条件下形成花芽开花。光周期控制开花，主要是因为植物体内存在的一种激素在起作用。

因此，通过调整温度和光周期，可促成或控制花期。经生理学家分析，是一种蓝绿色的蛋白质在起作用，这种激素在植物体内以两种状态存在，即 P1 和 P2。P1 对于短日照植物开花有促进作用，而对长日照植物起抑制作用。P2 则相反，对短日照植物起抑制作用，对长日照植物开花起促进作用。植物在长黑暗的条件下，则会使 P2 变成 P1，使短日照植物开花。但是，长夜对短日照植物的催花作用，若经红光（波长 60nm）短时间照射，即失去作用，原因是 P1 变成 P2；红光波长若近于红外线（波长 730nm）时，则又起相反的作用。可用方程式表示如下：

$$\mathrm{P1} \underset{\text{红外线辐射}}{\overset{\text{红光辐射}}{\rightleftharpoons}} \mathrm{P2} \xrightarrow{\text{黑夜}} \mathrm{P1}$$

因此，促成或控制花期栽培，主要是通过调整温度和光周期，以及调节其他植物生长的方式来实现的。

（二）促成栽培的措施

1. 温度处理

生长在温带和亚热带的植物，有明显的休眠作用。有的因冬季低温休眠，有的因夏季高温休眠（主要是球根植物）。木本植物的休眠期，依其休眠深度可分为休眠前期、中期和后期，而前期和后期，因其刚进入休眠或即将解除休眠，最易通过温度来影响其开花期。

加温处理可达到促成或推迟开花的目的。对已形成花芽而处于越冬状态下的花木，如迎春、梅花、杜鹃、牡丹等，入冬以后移入温暖处，在 20 ~ 25℃下打破休眠，使其提早开花。加温天数依植物种类而异，垂丝海棠加温 10 ~ 15 天就能开花，杜鹃则要 40 ~ 50 天开花。对已形成花芽，需在凉爽的条件下开花的植物，如桂花，当提高温度至 17℃以上时，则抑制花芽的膨大，花期向后推迟。

降温处理起到促成和推迟开花的作用。这些耐寒花木花芽形成后，需要经过一定的低温春化阶段才能开花。对这类植物，当花芽形成后，于秋季休眠前将植物移入冷室，在 0 ~ 2℃下放两周，提前休眠，通过春化阶段，然后放在较高温度下，结合激素等处理，促其提前开花，如牡丹、梅、碧桃等。

为了使春季开花植物的花期推迟，在春季植株萌芽前一段时期，将植株移放到 1 ~ 3℃低温下，让其继续休眠。于需要开花前一个月左右，将其移于温暖处，加强管理，使其快速开花，如碧桃、杜鹃等。

此外，通过低温，可使秋播草花在春季播种后也能开花。或者将在高温下易休眠的植物避开高温，移到 20℃左右的气温下仍能继续生长和开花，如吊钟、海棠等。

2．日照处理

短日照处理。将要求每日光照在12小时以下才能开花的植物，在长昼季节，延长黑夜，缩短白昼，使植物形成花芽，并开花。在短日照处理时，注意遮光的严密性和持续性，如遮光不严或间断，不能达到预期的促成开花的效果。如三角花、蟹爪兰、一品红等。

长日照处理。对每天要求光照在16小时以上才能开花的植物，在短日照季节，夜间用灯光照明，延长光照时间，促其开花，但必须配合增温，才能达到促蕾催花的效果。如唐菖蒲、荷花等。

3．激素和药物处理

用2.4-D、赤霉素等改变花期。赤霉素有代替低温、解除休眠的作用，如对牡丹、梅花有促进作用。此外，还有一些药剂也有促花作用，如用0.5%硫酸或过氧化氢、0.1%盐酸浸泡蓓蕾部分，经过1 ~ 2天可以促进开花，但处理时应避免使药物碰到根部。如将杜鹃、海棠、榆叶梅等，置放于体积为100L而内含40%的一氯化醇10ml的容器中，密闭24小时后即可打破休眠而大大提早开花，又如将唐菖蒲块茎浸于用40%的一氯化醇原液100ml稀释成1L的溶液中，立即取出淋干，种植后能提高发芽和开花。

4．其他措施控制花期

通过人为摘叶、摘蕾、摘心、留芽、修剪、改变扦插、播种期等，均可改变植物花期。

在植物的生长期控制浇水，使生长缓慢或停滞，进行内部物质积累和花芽分化。如8月对桃、紫荆、白兰花进行干旱控水处理，处理后则产生自然落叶或配合人工摘叶，然后再给予良好的水肥条件，即能提前在10月开花。三角梅用此法处理也能提前开花。

用修剪方法可控制月季、龙吐珠的花期，如于7月下旬对月季枝条从壮芽处短截，经40天左右即国庆时开花。龙吐珠于2月末修剪，“五一节”可以开花；7月下旬修剪，则可使其于国庆节开花。

摘心、摘蕾、留芽控制花期，此方法简便易行，在冬季温暖的南方，“大杂”大丽菊距春节前90天左右摘心，春节可望开花。当一串红显蕾过早，难以满足预定日期用花时，可于预定用花前50 ~ 60天将蓓蕾摘去，待其重新出蕾开花。

改变育苗时期也能改变花期，于8月下旬末，用粗壮菊花脚芽扦插，给予适宜的水、肥管理，则可于春节观花。大丽菊6月中旬扦插则国庆开花，9月扦插则元旦开花。总之，植物的开花期是可以通过人为方法来干预的，只有在掌握各种植物的生长发育规律和开花习性后，根据具体情况采用不同的控制措施，才能使植物按照我们预定的要求提前或推迟开花。

二、促成栽培实例

（一）牡丹

正常花期在 4 ～ 5 月，如欲提早至春节前后开花，应在落叶后上盆，放在低温处，施肥一次，需在花前 35 ～ 45 天移入 25℃的温室内。昼夜向植株喷水 5 ～ 6 次，芽萌动后，喷水不要喷叶面，只喷枝干，防止叶片生长太快。此时，如花蕾不超过叶面，可用 100PPM 赤霉素点涂花蕾，使快速生长；花蕾破绽见色时，由高温温室转入低温温室，以保持色彩并延长开花期。

如果提早花期至元旦，应在加温前先给予 7 天的 0 ～ 5℃的低温培育，使其提前通过低温春化阶段，再如上法进行加温处理。

（二）梅花

将生长健壮，且秋季经过露天低温、花芽得到充分休眠的盆栽梅花，于预定开花前一个月移入温室或一般室内，放在光照充足的位置。由于温度升高，花芽逐渐膨大，可至春节时开放。欲使梅花于国庆节或元旦开花，方法同牡丹的培育方法。

（三）杜鹃

春节开花。杜鹃花秋季分化花芽后，需在开花前 45 ～ 50 天，将已通过低温阶段的杜鹃花移至 20 ～ 25℃温室培养，经常向枝叶喷水，创造春雨绵绵的环境，届时就能开花。越是接近春节处理日期越短。元旦开花，采用的方法同牡丹一样。加温之前，先给予 1 ～ 2 周的低温使提前通过休眠，以后加温、喷水，于 12 月或 1 月开放。

（四）一品红

属短日照植物，自然开花期在 12 月中旬。为了提前至国庆开花，于 8 月初进行遮光处理，每天接受日照 10 小时，连续处理 45 ～ 55 天即可。

（五）金橘

欲使盆栽金橘果实推迟于春节成熟，可采用干旱控水方法。控水前于春季和 5 月中旬各修剪一次，于“小暑”至“大暑”节气前后，选择生长茂盛的植株，7 天左右不浇水，待叶片干旱全卷时，略浇水解除休眠，促其复苏。即每天洒水 3 ～ 4 次，不要淋湿盆土，3 ～ 4 天后才能使盆土洒湿。当叶片恢复原状时，再过 1 周开始追肥，以加速解除休眠，促使花芽形成，并很快开花。花后进行正常的肥水管理，于春节时果实成熟。用此法控制花果期，一般不落果，坐果率也较高。

第五节　无土栽培

无土栽培就是不用天然土壤，二是直接用营养液或者人工基质来栽培植物的方法。无土栽培又称为营养液栽培。目前主要用于花卉、苗木和蔬菜的育苗。

一、无土栽培的优越性

1. 植物生长健壮，生长速度快，花期早而勤，花期长，产量高。
2. 增强植物的抗逆性，能安全度过不利时期。
3. 栽培基质排水性能好，不会引起烂根、死亡等现象。
4. 清洁卫生，病虫害少。
5. 便于管理。

二、无土栽培的类型与方式

无土栽培的方式方法多种多样，不同国家、不同地区由于科学技术发展水平不同，当地资源条件不同，自然环境也千差万别，所以采用的无土栽培类型和方式方法也各不相同。目前比较普遍的分类方法是根据植物根系的固定方法来区分，大体上可分为无基质栽培和有基质栽培两大类。（图 6-11）

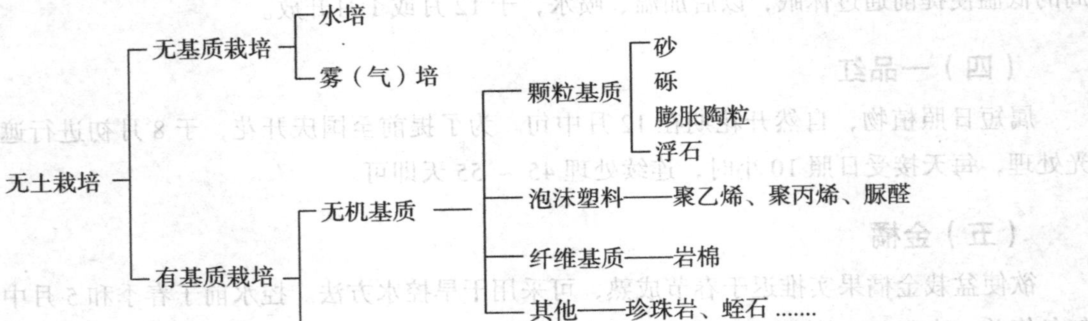

图 6–11　无土栽培的分类

三、无土栽培设施

（一）栽培设施

无土栽培所用的设施种类很多，生产资料各式各样，品种规格也非常之多。在园林植物无土栽培中常用的栽培设施主要有育苗容器、栽培容器、育苗床和栽培床。

1. 育苗容器

（1）育苗钵。通常用聚乙烯为原料制成单体、连体育苗，形状有方形、圆形两种。基部没有排水孔。有 8cm × 8cm × 6cm、10cm × 10cm × 8cm、12cm × 12cm × 12cm 几种规格。

（2）育苗板。以一种塑料制成的带有方格状槽的育苗容器，由于下部无底，在使用时要铺上一层塑料薄膜。

（3）育苗箱。由硬质塑料制成，通常有 50cm × 40cm × 12cm、100cm × 80cm × 24cm 等几种规格。

2．栽培容器

无土栽培的容器一般分为两层，外层和内层，即外盆和内盆。外盆都是紧密不透水的，底部没有孔，不漏水，主要盛放营养液。内盆比外盆小，其形状不一定与外盆相同，内盆是可透水的，底部和周边都有小孔。内盆主要盛固体基质，供固定植物之用。

目前园林植物无土栽培所用的栽培容器主要有塑料盆、瓦盆、陶瓷盆、木桶等。此外，还有用玻璃制作的容器，但其主要用于室内装饰，其大小、形状根据具体植物而定。

3. 育苗床

主要用作培育幼苗。

（1）简易式育苗床。主要用于小规模的无土栽培。将软质塑料盆装上无土栽培基质，并置于临时性的床体中。

（2）现代化育苗床。随着科学技术的发展和栽培管理水平的不断提高，在保护地栽培中育苗床的空气湿度、环境温度由计算机控制。

4. 栽培床

园林植物从种苗定植到成品出圃的一段时间里，植株要在栽培床上生长，床体是用来盛营养液和栽植植物的装置。常用的栽培床有如下两种。

（1）水泥床。通常床的宽度为 20 ~ 90cm，深度为 2 ~ 20cm，长度为 1 ~ 10m。为了使营养液能够很好地循环利用，在建造时应该保持 1/100 ~ 1/200 的坡度。

（2）塑料床。由塑料制成的专用无土栽培槽。通常其宽度为 60 ~ 80cm，深度为 5 ~ 20cm，长度为 150 ~ 200cm。

（二）供液系统

1. 人工系统

主要通过人工，用洒水壶等器具将配制好的营养液给栽种的植物逐棵地进行浇灌，此法适用于小规模的无土栽培。但因为是人工操作，费时费力，所以对规模化栽培种植并不适用。

2. 滴灌系统

滴灌系统是一个开放系统，它通过一个高于营养液栽培床 1cm 以上的营养液槽，在重力的作用下，将营养液输送到 30 ~ 40mm 的地方。通常每 1000m 的栽培面积可配备一个容积为 2.5L 的营养液槽来供液。营养液要先经过滤器，再进入直径为 35 ~ 40mm 的管道，然后通过直径为 20mm 的细管道进入栽培植物附近，最后再通过毛细滴管将营养液滴灌到植物根系周围。这种供液系统，营养液不能循环利用。

3. 喷雾系统

喷雾系统是个封闭系统，它将营养液以雾状的形式，并保持一定的间隔，喷洒在植物的根系上。

4. 液膜系统

其装置一般由栽培床、贮液灌、水泵与管道等组成。在操作时，先将稀释好的营养液用水泵抽到高处，然后使其在栽培床上由较高一端向较低一端流动。一般栽培床每隔 10cm 要设置一个倾斜度为 1% ~ 2% 的回液管，通过它使营养液回流到设置在地下的营养液槽中。

四、无土栽培技术

（一）无土栽培基质

1. 无土栽培基质的种类

无土栽培使用的基质有很多，简单介绍如下。

（1）液体类：水和雾。

（2）无机类固体基质：颗粒状的有沙、砾石、陶粒等；胞状、海绵状的有珍珠岩、蛭石、硅胶；泡沫状的有浮石、火山熔岩；纤维状的有岩棉等。

（3）有机类固体基质：天然的有泥炭、稻壳、锯末、树皮、腐叶土、炭化稻壳、刨花、甘蔗渣、椰子壳等；合成的有尿醛泡沫、酚醛泡沫、环氧树脂、聚苯乙烯、聚氨酯等。

在无土栽培中这些基质可单独使用，也可混合使用。其中应用广泛的传统基质为泥炭、稻壳、腐叶土、锯末、沙、珍珠岩和蛭石。

2．无土栽培基质的处理

用作无土栽培生产的基质在经过一段时间的使用之后，由于吸附了较多的盐类和其他物质，还可能掺杂病菌，因此，必须经过适当的处理才能继续使用。

（1）洗盐处理。用清水反复冲洗，以除去多余的盐分。在处理过程中，可以靠分析处理液的电导率对其进行监控。

（2）灭菌处理。对于有病菌的基质，可以采用高温灭菌法，即将略带潮湿的基质通入高压水蒸气达到杀菌的目的；或将基质装入黑色塑料袋中，置于日光下晒，适时翻动基质，使基质受热均匀。也可采用药剂灭菌法，即用甲醛，每立方米基质加入50 ~ 100ml的药剂均匀地喷洒在基质中，然后覆盖塑料薄膜，经2~3天后，打开薄膜，摊开基质。

（3）离子导入。定期给基质浇灌高浓度的营养液，就是一个离子导入的过程。

（4）氧气处理。一些栽培基质，特别是沙、砾石在使用一段时间后，其表面就会变黑。在重新使用时，需将基质放置于空气中，游离氧就会与硫化物反应，从而使基质恢复原来的颜色。

3．基质的更换

当固体基质使用了一段时间之后，基质的物理性状会变差，通气性下降，保水性过高，病菌大量积累，因此，基质经过一段时间的使用后要进行更换。

（二）营养液

1．无土栽培对营养液的要求

营养液是根据植物对各种养分的需求，通过把一定数量和比例的无机盐类溶解于水中配制而成的。营养液是无土栽培的重要组成部分，作为无土栽培的营养液，必须达到以下要求：

（1）必须含有植物生长发育所必需的全部营养元素。包括大量元素和微量元素，由氮、磷、钾、钙、镁、硫、铁、锰、铜、锌、棚、钼等组成。

（2）营养液应为平衡溶液。矿质元素应根据不同植物的需要，按适当比例配制而成，各种养分物质的含量应是均衡的。

（3）无机盐的溶解度要高且呈离子态。无机盐易溶于水，以离子形态存在，易被植物吸收利用。

（4）不含有害及有毒成分。有毒有害物质会严重影响植物的生长发育，甚至造成园林植物的死亡。

（5）适宜的pH值。营养液的pH值也是无土栽培获得成功的关键，pH一般在6.5 ~ 8.5为宜。在无土栽培过程中，由于植物的根系不断向营养液中分泌有机酸等物质，所以要经常调整营养液的pH值，通常用磷酸、碳酸钾调节。

（6）合适的浓度。营养液的浓度应该保持在一定的范围内，对于大部分园林植物来说，总盐量最好保持在 0.2% ~ 0.3%，过高或过低，都不利于植物的生长。

（7）取材容易，用量小，成本低。应考虑经济效益，以尽可能小的投入获取最大的收益。

2. 营养液的配制

营养液是园林植物无土栽培所需要的矿质营养和水分的主要来源，是无土栽培的核心技术之一。

（1）无土栽培的水质要求。水质是决定无土栽培营养液配制的关键。因此，水质要求的主要指标如下：①硬度。水的硬度统一用单位体积的氧化钙含量来表示，即每度相当于 10mgCaO/L。利用 15° 以下的硬水进行无土栽培较好，但由于水质过硬，所以应事先予以处理。②酸碱度。无土栽培使用的水，其适宜的酸碱性范围较广，pH 在 5.5 ~ 8.5 的均可使用。③悬浮物≤ 10mg/L。在利用河水、水库水等要经过澄清之后才可使用。④氯化钠≤ 100mg/L。溶解氧。无严格要求，最好是在未使用之前≥ 3mg/L。氯。主要来自自来水中消毒时残存于水中的余氯和进行设施消毒时所用含氯消毒剂，残留的氯应≤ 0.01%。

（2）营养液的配制。配制无土栽培营养液的营养盐应以化学态为主，因其在水中有良好的溶解性，并能有效地被植物利用。它的组成应包含各种植物所需的完全成分，如氮、磷、钾、钙、镁、硫等大中量元素和铁、锰、硼、锌、铜等微量元素。不能直接被植物吸收的有机态肥料，不宜作为植物营养液肥料。

营养液的总浓度不宜超过 0.4%，对绝大多数园林植物来说，它们需要的养分浓度宜在 0.2% ~ 0.3%。

配制营养液时应注意避免难溶性物质沉淀的产生。合格的平衡营养液配方配制成的营养液应是不会产生难溶性物质沉淀的，但任何一种营养液配方都可能存在产生难溶性物质沉淀的可能性。因为营养液必然含有钙、镁、铁、锰等阳离子和磷酸根、硫酸根等阴离子，若配制过程掌握得好就不会产生沉淀，掌握不好就有可能产生沉淀。在配制浓缩贮备液或者工作营养液时，混合与溶解肥料应严格注意顺序。要把钙离子和硫酸根离子、磷酸根离子分开，即硝酸钙不能与硫酸盐类如硫酸镁、磷酸盐类如磷酸二氢钾等混合，以免产生硫酸钙或磷酸钙沉淀。

在园林植物的无土栽培中，常先配制浓度较高的母液，需经稀释后再进行使用。配制浓缩的贮备液时，一般将它们分成 A、B、C 三种，称为 A 母液、B 母液、C 母液。

A 母液：以钙盐为中心，凡不与钙作用产生沉淀的盐都可放在一起。浓度一般为实际使用浓度的 200 倍。

B 母液：以磷酸盐为中心，凡不与磷酸根形成沉淀的都可以放在一起，浓度一般为实际使用浓度的 200 倍。

C 母液：是由铁和微量元素合在一起配制而成的。因其用量小，可以配制成浓缩倍数很高的母液。浓度一般为实际使用浓度的 1000 倍。

母液浓度倍数应以不致过饱和而析出为准，其倍数以配成整数为好，以方便操作。若母液需贮存较长时间，应将其酸化以防沉淀产生。如果直接称取肥料、直接溶解加入种植系统而配制工作营养液的，要在种植系统中先放入七八成清水后，再加入溶解完的肥料，而且每加入一类肥料之前都需先进行稀释，且加入后要循环一段时间后再加入另一类肥料，以防产生沉淀。

此外，在称量肥料和配制过程中，要看清各种肥料、药品的说明、化学名称和分子式，充分了解其作用。然后根据所选定的配方，逐次地进行称量。防止称错肥料，并反复核对确定无误后才配制，同时应详细填写记录。

母液应贮存于深色容器中。在以浓缩贮备液配制成的工作营养液时，一定要将 A、B、C 三种贮备液稀释后才加入，而且加入的速度要慢。如果所配制的营养液用于科学研究，则必须用纯水，用试剂级的营养盐来进行配制。

3．营养液的管理

在无土栽培中，园林植物的根系大部分生长在溶液中，并吸收其中的水分、养分和氧气，从而使其浓度、成分、pH、溶解氧等不断变化。同时根系也分泌有机物于营养液中，且有少量衰老的残根脱落于营养液中，致使微生物也会在其中繁殖；外界温度也影响着营养液温度。因此必须采取措施对上述影响因素进行调控。

（1）增氧。生长在营养液中的植物根系，其呼吸所消耗的氧有两个来源：一是靠溶解于营养液中的氧；二是靠植物体内形成的氧气输导组织从地上部分向根系输送氧。对于不耐淹浸的旱生植物，体内不具备氧气输导组织，因此必须补充溶解氧。目前采取给营养液中补充溶解氧量的方法有：①搅拌，此法有一定效果。②用压缩空气通过起泡器向溶液内扩散微细气泡：此法效果较好，主要在小盆钵水培中使用。③把化学试剂加入营养液中产生氧气，此法虽然效果好，但价格昂贵。④将营养液进行循环流动，此法效果较好，生产上也普遍使用。

（2）水分和养分的调整。水分的补充应每天都要进行，且一天之内应补充多次，补水次数要根据植物的长势、每株占液量和耗水快慢而定。养分的补充应根据浓度的下降程度而定。浓度的测定主要在营养液补充足够水分使其恢复到原来体积时取样。浓度的高低以总盐分浓度反映，用电导率表达。

（3）pH 的调整。营养液的 pH 因盐类的生理反应而发生变化，其变化方向视营养液配方而定。用 $Ca(NO_2)_2$、KNO_3 为氮、钾源的多呈生理碱性；用 $(NH_4)_2SO_4$、$CO(NH_2)_2$、K_2SO_4 为氮、钾源的多呈生理酸性。最好选用比较平衡的配方，使 PH 变化比较平稳，可以省去调整。pH 上升时，用 HSO 或 HNO 中和，pH 下降时，用 NaOH 或 KOH 中和。

（4）液温的管理。一般来说，夏季的液温保持不超过 28℃，冬季液温保持不低于 15℃。

（三）无土栽培技术

1．水培

水培又称无基质栽培，是无土栽培中最早应用的技术。水培的设施系统不同，其营养液供氧方式也不同。

（1）营养液膜法（NFT）。其设施主要由种植槽、贮液池、营养液循环流动装置三部分组成。①种植槽：用聚乙烯薄膜围成一个长度在 10 ~ 20m，纵向稍带倾斜的等腰三角形槽。把苗木按一定的株距呈“一”字种植在槽的中间，然后将两侧薄膜兜起并夹紧，使其呈三角形，苗木植株的地上部分露出。供液管与种植槽稍高的一端相接，缓慢地将营养液注入种植槽，使种植槽底部形成一种薄的缓慢流动的营养液膜。种植槽稍低的一端设排液管，与贮液池相通。②贮液池：一般设在地下，其大小根据栽培规模而定。③营养液循环流动装置：主要由水泵、管道及控制阀门等组成。

营养液在泵的驱动下从贮液池流出再经过根系（0.5 ~ 1.0cm 厚的营养液薄层），然后又回到贮液池内，形成循环式供液体系。供液系统又可分为连续性供液和间歇性供液两种类型。间歇式供液既可以节约能源，也可以控制植物的生长发育，它是在连续性供液系统的基础上再加一个定时器装置。

通过技术改造，目前出现了不少 NFT 改良装置，如水泥槽固定栽培、可移动式塑料槽栽培和 A 型架管道栽培等。

（2）深液流法（DFT）。深液流法，即深液流循环栽培技术。这种栽培方式与营养液膜技术（NFT）差不多，不同之处是流动的营养液层较深，植株大部分根系浸泡在营养液中，其根系的通气靠向营养液中加氧来解决。

深液流法栽培设施由种植槽、地下贮液池、植株固定装置、营养液循环流动装置四大部分组成。

种植槽宽度一般为 60 ~ 90cm，槽内宽度为 12 ~ 15cm，长度以便于操作为宜。

植株固定装置可用聚苯乙烯制成，厚度为 2 ~ 3cm，宽度与种植槽宽度一致，长度一般为 150cm。板面开若干个定植孔，孔径为 5 ~ 6cm，内嵌一只塑料定植杯。杯口直径比定植孔稍大，以便能卡在定植杯上。杯的下部及杯底开有许多小孔，使定植杯中的幼苗能充分吸收水分和养分，同时能保持较好的通气环境。地下贮液池的容积一般为 30L。种植槽一端高另一端低，高的一端设进液管，低的一端设排液管；排液管与贮液池相连，形成循环。这种系统在停电时也能正常运转。

（3）浮板毛管水培（FCH）。其是在吸收世界各国无土栽培设施优点的基础上发明的新型水培设备，其结构由栽培床、贮液池、循环系统和控制系统四大部分组成。用聚苯乙烯做成栽培床，长 15~20m、宽 40~50cm、高 10cm。槽内铺 0.8mm 厚聚乙烯薄膜，营养液深 3~6cm，液面漂浮 1.25cm 厚的泡沫板，宽 12cm，上覆亲水性的无纺布，两侧延伸入营养液内，通过分根法和毛管作用，使部分根系吸收氧气，另一部分根系伸入深层营养液中吸收养分和水分。营养液循环利用。

2．基质栽培

基质栽培是无土栽培中最常见的一种。在基质无土栽培系统中，固体基质的主要作用是支持作物根系及提供给作物一定的元素。

基质栽培的方式有钵培、槽培、袋培、岩棉培等，其营养液的灌溉方法有滴灌、上方灌和下方灌溉，但以滴灌应用最为普遍。

基质系统可以是开放的，也可以是封闭的，这取决于是否回收和重新利用多余的营养液。在开放系统中，营养液不循环利用，而在封闭系统中营养液则循环利用。封闭系统的设施投资较高，营养液管理较为复杂。我国无土基质栽培通常以采用开放式系统为宜。

（1）钵培法。在花盆、塑料桶等栽培容器中填充基质，栽培植物。从容器的上部供应营养液，下部设回流管，将排出的营养液回收于贮液灌中以循环利用，也可采用人工浇灌的原始方法。

（2）槽培法。槽培的栽培槽可用砖、水泥、混凝土、竹竿或木板条等制成。由于砖的规格比较统一，目前的栽培槽多用红砖建造。红砖每块长 24cm、宽 12cm、高 5cm。栽培槽高 20cm（4 块砖叠起），内径宽 48cm（2 块砖横放），长度根据温室的地形而定。现代大型温室的这种栽培槽长度可达 30m，塑料日光温室的栽培槽长度只有 5 ~ 6m。栽培槽底部铺一层 0.1mm 厚的塑料薄膜（以防土壤病虫的危害），然后把基质填入栽培槽中。这里要注意的是：砖垒上即可，不用砌，以利植物根系的通气。

每亩地约需槽培基质 30m，使用 3 ~ 4 年后需重新更换，每亩需基质费 2500 元。灌溉设备包括营养液槽、营养液输送管道等，需 2000 元。栽培槽用砖垒起，每亩需红砖 1 万块，需 2000 元。每亩需要 60kg 聚乙烯薄膜（0.1mm 厚），需 700 元。因此，每亩槽培设施一次性投资约需 7200 元。

（3）袋培法。用乳白色聚乙烯薄膜（0.1mm 厚）做成长 70 ~ 100cm、宽 35cm 的栽培袋，袋培基质（与槽培相同）用量每亩只需 18m。这种方式需滴灌系统进行供液，营养液不循环利用。一般分为立式袋培和枕式袋培两种。每株植株至少需要安装 1 个滴头。每亩袋培一次性投资约需 7500 元。①立式袋培：将直径为 15cm、长为 2m 的柱状基质袋直立悬挂，从上端供应管供液，在下端设置排液口，在基质袋四周栽种植物。②枕式袋培：按株距在基质袋上设置直径为 8 ~ 10cm 的种植孔，按行枕式摆放在地面或泡沫板上，安装滴灌管供应营养液。基质通常采用混合基质。

（4）岩棉培。岩棉培是现代无土栽培的主要方式之一。将岩棉制成小块状或条状，在岩棉块的中央或在岩棉条上按一定的株距打孔，在孔内栽种植物，以滴灌供给营养液进行栽培。

育苗用的岩棉块规格是 7.5cm×7.5cm×5cm；定植用的岩棉种植垫规格是 100cm×20cm×9cm。均在其外面用乳白色塑料薄膜包起来，以防止营养液蒸发。灌溉系统采用滴灌，每株至少设置 1 个滴头，每亩一次性投资约 8500 元。如果营养液需循环利用，则投资还要高些。

3．有机生态型无土栽培

进行有机生态型无土栽培可利用河沙、煤渣、菇渣和作物秸秆等作为栽培基质，利用各地易得到的有机肥和无机肥为肥料。有机生态型无土栽培所需的条件和设备如下。

（1）保护设施。包括加温温室、日光温室、塑料大棚等，这些设施可阻止外来恶劣气候条件的影响，为有机生态型无土栽培所必备的设施。

（2）种植槽。可选用砖块、木板、泡沫板、水泥等建成有边无底的边框。栽培槽内面高 15~20cm，宽度依不同栽培植物而定，长度依温室长度而定。槽底部铺上 0.1mm 厚的塑料薄膜，以防止土壤病虫传染，薄膜的两边压在边框上，若是砖槽则压在第一层砖上。

（3）基质。适用于有机生态型无土栽培的基质很多，如草炭、树皮、锯末、刨花、棉籽壳、椰子壳、秸秆、葵花杆、蛭石、炉渣、珍珠岩、陶粒、沙、砾石等，均可依情况选取适宜当地使用的基质，且成本低廉。有机基质均需粉碎并充分腐熟发酵后使用。

不同植物其基质适用种类和配比不同，常用的混合基质配比有如下几种：草炭：炉渣（4：6）；沙：椰子壳（5：5）；草炭：珍珠岩（7：3）；葵花杆：炉渣：锯末（5：2：3）。

（4）灌水系统。在有自来水或有一定水压的情况下，应以单个棚室建成独立的灌水系统。栽培槽上铺设塑料薄膜滴灌水带，上覆薄膜防水向四处喷射，一端与棚内管道相连。

有机生态型无土栽培管理技术，关键在于基质与肥料的选择与配比以及管理过程中的灌水。在向栽培槽内填入基质前，应先在基质中混入一定量的肥料作为基肥，并调整基质 pH 在适宜范围内，其可保证植物在定植 20 天内不必追肥，只浇清水即可。管理过程中根据植物的不同生育期，追施定量肥料，保证均衡供给。栽培季节中用滴灌带浇清水，灌溉水量和次数依不同植物、气候变化和植株大小确定，一般少量多次。其他日常管理方法同一般土壤栽培法。

第六节　园林植物容器栽培

一、容器的种类及选择

（一）容器种类

栽植园林植物用的容器种类很多，形状各异，款式新颖，制作材料多样。适用于园林植物栽培的容器，按材质可分为：素烧盆（瓦盆）、陶盆、瓷盆、木盆（桶）、塑料盆、金属盆等。按用途可分为：水养盆、兰盆、盆景盆、播种盆等。

素烧盆用黏土烧制而成，包括红盆和灰盆两种。它的质地粗糙，排水透气性良好，非常适合园林植物生长。其价格低廉，用途广泛，形状多为圆形，且规格齐全。

陶盆由陶土烧制而成，有紫砂、红砂、青砂等。形状有圆形、方形、多角形等。它古朴清雅，外形美观，但透水透气性较差，适合室内装饰。

瓷盆为上釉盆，常用有彩色绘画，它美观典雅，适合室内装饰用，但通气透水性差，价格昂贵，不适合作生产用盆，常用作花盆的套盆。

木盆用材质坚硬、不易腐烂的红松、槲、栗、杉木、柏木等木材做成，外部刷上油漆，内部涂环烷酸铜防腐。木盆多为圆形，也有方形，两侧有把手，上大下小，盆底设有排水孔，下应有短脚，否则，需要垫砖石或木头，以免盆底直接接触地面而腐烂。通气透水性好，但不能规模化生产。

塑料盆质轻而坚固耐用，可制成各种形状，色彩多样，规格齐全，价格低廉，但通气透水性差，所以不宜长时间使用。

金属盆比较笨重，一般用作大规格植株的栽培。

水养盆专用于水生花卉盆栽。盆底无排水孔，盆面阔大而浅，如莲花盆。球根植物水养盆多为陶制的浅盆，如水仙盆。

兰盆专用于兰花及附生藻类的栽培，其盆壁有各种形状的孔洞，便于空气流通，此外，也常用木条或柳条制成各种样式的兰框。

盆景盆，此类盆深浅不一，形式多样，新颖别致，常为陶盆或瓷盆。

播种盆专用于播种培育芽苗。盆底有排水孔，盆面阔大而浅，多为长方形，应用较多的有塑料穴盘、塑料长方盘以及浅木箱。

（二）容器的选择

选择容器时，要注意容器规格的大小、材质以及植物的形态和特性。

容器的规格要合理，过大或过小都不利于植物的生长。若盆径过大，植物根的生长发育不良，侧根少，植株长势弱；反之，盆径过小，所装基质少，供水供肥低，植物长势也弱。在确定容器规格时，要考虑植物的形态、特性及栽培时间的长短。一般来说，比较高大的植物、根系发达的植物或栽培时间较长时所用容器的规格宜大些，反之宜小。栽培侧根少、主根发达的植物，容器的口径可适当小些，高度大些；反之，容器的口径应大些，高度可适当小些。

容器的保水性、通气性与容器的材质有极大关系。盆土的湿度也受材质的影响。容器的材质不同，对日常管理的要求也不同。如无釉陶盆，盆土水分蒸发快，易干燥，应加强水分管理。而塑料容器盆，土中水分只从盆口的表面蒸发，保水性好，但要防止盆土过湿。因此，选择容器时要注意材质问题。

栽培容器已不再是盛装植物和基质的一种简单的容器，它们还成为时尚主题的一项重要内容。经过设计师的精心挑选，用于营造优美的景观，彰显个性。栽培容器的装饰作用正在被设计师充分利用着。在一定历史条件下的材质、造型及组合方式，缤纷的色彩，使栽培容器的装饰性显著增强，色彩更自然的产品，比如模仿石头、蘑菇、木炭的颜色；金属质地，如看上去很陈旧的青铜容器，散发出古色古香的韵味。怀旧主题也开始在栽培容器中流行起来，比如陈旧的陶瓦柱形种植钵、乡土气息浓郁的土罐等。手工产品也越来越受到关注。因此，容器的选择应从四方面考虑：按生产目的和用途选；按植物的大小选；按栽培时间长短选；按植物的生长习性选。

二、基质及其配制

容器栽培与地栽相比，有许多不利因素。水分蒸发量大，养分流失严重，通气性差，空间有限。所以要求栽培用土土质疏松，富含有机物质，一般的农田土或山地土壤不适宜直接用作盆栽土壤，生产上通常用几种材料混合来改良盆栽土壤的性质。这种改良后的土壤称为基质或培养土。

（一）容器栽培对基质的要求

1. 性质优良。有良好的理化性质，保水保肥力强。质地疏松，通气透水性好。酸碱度适宜或易于调节。

2. 清洁卫生。不含有害有毒物质，不带草籽、病菌和虫卵。

3. 价格合理。所用材料能就地取材或价格低廉。

（二）配制基质的材料

配制容器栽培基质的材料常用的有堆肥土、腐殖土、草皮、松针、泥炭土、沼泽土、河沙、锯末、煤渣、蛭石、珍珠岩、园土、塘泥、陶粒等。配制基质时，应本着就地取材、价格低廉、有利于植物生长的原则。

（三）基质的配制

首先，要确定配方。由于植物生长习性不同，很难确定出统一的配方，只能通过反复的试验来确定某一种植物的合理配方。然后，按配方准备材料。将各种材料按比例混合均匀，最后视情况对基质进行消毒和调节酸碱度。

三、容器栽培技术

（一）上盆

上盆就是将需要栽植的植株栽植到容器中去的过程。包括选盆、装盆、浇水。

选盆。按苗木的大小选用合适规格的容器。既要避免小盆栽大苗，又要避免大盆栽小苗。要注意栽培用盆和上市用盆的差异。栽培用盆要选用通气性好的盆，如素烧盆、陶盆、木盆等；上市用盆选用美观的瓷盆、塑料盆、紫砂盆等。

装盆。先用碎盆片纱窗等将盆底的排水孔盖上，然后在盆底部装入一层碎瓦片、砂砾、煤渣等作排水层，再填入一层基质。植苗时，用左手扶苗，将苗置放于盆口中央深浅适当的位置，右手在苗四周填基质，并用手自盆边向中心压实。若要定植较大的裸根苗，则要在栽前需要修剪长根和病腐根，并适当修剪枝叶。植株不宜栽得过深，基质也不宜填得太满，一般以土面离盆口 1.5cm 为宜。栽植球根花卉时，先按上述方法盖好排水孔、填入排水层和基质，基质填至土面离盆口 1.5cm 左右，然后用手开穴，将球根植入穴中，压实，植入深度以能见到顶尖部位为宜，最后再用水浇透。

浇水。苗木栽好后立即用喷壶浇水，水要浇足，一般连续浇两次，见到水从排水孔流出为止。

（二）排盆

将植物上盆后，要及时摆放好容器。喜光植物应摆放在阳光充足处，但在上盆初期要搭棚遮阳，待植物恢复生长后再逐渐撤除；而中性、阴性植物应分别摆放在半阴和荫蔽处或搭棚长期遮阳。容器的摆放要整齐，密度要合理，以便于管理和行走。如果摆放在保护地内，要按各部位光照和温度的不同及植物对光照和温度的要求摆放好，也就是将容器栽植的植物按一定规律和要求摆放整齐。

（三）栽植后的管理

1. 追肥

容器栽培的园林植物除了施入一部分基肥外，在栽培过程中还需定期追肥。

（1）肥料的种类。追肥以速效肥为主，具体种类根据栽培目的和植物种类及其生育期决定。对观叶植物及处于幼苗生长期、茎叶发育期的观花植物多施氮肥，对处于花芽分化期、孕蕾期、开花期的花木应多施磷、钾肥。

（2）追肥次数。一般一年追肥 3 ～ 4 次，落叶种类在晚秋落叶至早春萌芽前，常绿种类在旺盛生长前，结合换盆追肥一次；在生长旺盛期追肥 1 ～ 2 次；最后一次追肥于 8 月 ～ 9 月进行。

（3）追肥方法。①土壤追肥：浇施，将肥料溶于水，再用喷壶将肥液直接浇灌到基质中；穴施，先在靠近容器壁的基质中挖小穴或打孔，然后将颗粒状肥料放入穴或孔，最后埋土。②根外追肥：将稀释的无机肥料溶液或微量元素溶液用喷雾器喷洒在花木的叶片上。追肥要做到薄肥勤施，切忌一次施用过量。

2. 浇水

容器栽培的水分管理是一项重要而细致的工作，是保证植株正常生长的栽培措施之一。

（1)根据植物的特性浇水。不同的植物，对水分的需求量不同。旱生植物需水量不大，应适当少浇水；湿生植物要求周围空气和土壤潮湿，所以需要多浇水；中生植物要求干湿适中的环境，浇水量要适中。掌握不同植物的需水特性，因树因花浇水，才能取得好的效果。

（2）根据不同的生育期浇水。同一种植物在不同的生长发育阶段对水分的需求量是不同的。当植物进入休眠或半休眠时，浇水量应依植物种类不同而减少或停止。从休眠或半休眠进入生长期，浇水量则要逐渐增加；生长旺盛期，浇水量要充足；开花期浇水量要适当控制；盛花期要适当增加；结实期则要适当减少。

（3）根据季节浇水。不同季节，浇水量不同。①春季：天气转暖，开始生长，浇水量要逐渐增加。草花每隔 1~2 天浇水一次，花木每隔 3~4 天浇水一次。②夏季：气温高，植物生长旺盛，蒸腾量大，土壤的蒸发量也大，宜多浇水，最好能每天早晚各浇一次。③秋季：天气转凉，植物生长渐缓，浇水量可适当减少，可每 2~3 天浇水一次。④冬季：露地盆栽植物进入休眠或半休眠，应控制浇水；而保护地内的盆栽植物，仍要适当浇水。

浇水时应注意以下几点：基质表面发白时，说明土壤缺水，应及时浇水。浇水不可过量，以盆底排水孔溢水为宜；浇水速度勿过快，以免基质上湿下干；水的流速要慢，以防基质流失，流速过快时可用手控制，以减缓冲击力；夏季水管中水的温度过高，用时要先检查水温。

3. 松盆

也称托盆。不断地浇水易使营养土表面板结，有时还伴生有青苔，严重影响土壤的通气性，不利于植物的生长。扦盆一般用竹片、小铁耙等工具疏松盆面营养土，同时除去青苔和杂草。

4. 摘心、摘芽

对有些容器栽培的植物需要在生长过程中进行摘心、摘芽。摘心就是摘去植物的顶芽，以利于侧芽的萌发和生长，使植株枝叶茂盛，形态浑圆、丰满。摘芽就是摘除过多的侧芽，限制侧枝的数量，使主茎粗壮挺直，花木的花朵大而美丽。

5. 剪枝

对容器栽植的植物，需要在栽培过程中进行适当的修剪。一般剪除干枯枝、病虫枝、扰乱株形及花后的残枝。对有些花木，如万寿菊、一串红等，需在花期结束后缩剪，再结合施肥，可使植株萌发新梢，再次开花。

6. 支撑

容器栽培的高秆植物、缠绕植物及其他一些花木要用支柱支撑，以免被风吹倒，或防止树枝晃动时伤及根系、折断树枝。支撑物对花木还有整枝造型的作用。支撑植物的支撑物统称为支柱。

（1）棒状支柱支撑法。支柱常用竹棒、木棒、塑料棒、铁棒等。支撑方法是将支柱末端扎入土中，用细绳将植物绑扎、固定在支柱上。若支撑容器大苗，可用竹竿作三支式支撑，或用竹竿将大苗相互绑在一起，这种方法是先将容器大苗摆放成行成列，然后将苗木绑在水平放置的离地面 1.3 ~ 1.5m 高的竹竿上，使苗木相互连在一起。

（2）环状支架支撑法。支架多用铁丝绕制而成。将支架放置于盆面，使植物的茎、枝在一定的范围内伸展，以防止枝叶风折。

（3）禽架状支架支撑法。支架多为扇形，深插于盆土中，以引导植物茎枝缠绕以及生长。

（4）模型支架支撑法。支架多用铁丝做骨架，蒙网、包裹苔藓做成。将支架放置于盆面，供植物攀缘生长，经修剪即可塑造所需的形状。

（四）转盆与倒盆

1. 转盆

转盆是转换容器栽植的植物的方向。在单屋面温室中或在室内近窗口处摆放的容器栽培的植物时间过久，趋光生长，植株偏向光线投入的方向而向一侧倾斜。为了防止植物偏向生长，应每隔一段时间就将植物作 45° 的转向。一般每隔 20 ~ 40 天转盆一次，生长快的植物转盆间隔期短。露地及双屋面南北走向的温室或大棚，光线照射均匀，植物一般无偏向，可不转盆，但转盆可防止根系自排水孔穿入土中。

2. 倒盆

就是调整盆栽植物在生长环境中的位置和盆栽植物间的距离。在以下两种情况下需要倒盆：一是盆栽植物经过一段时间的生长，株幅增大造成株间拥挤，此时若不及时倒盆，会因通风透光不良而导致病虫害和引起植株徒长；二是在大棚温室中，摆放在不同位置的盆栽植物受光照、通风、温度等环境因素的影响而出现差异，此时倒盆可使植物生长一致。一般倒盆与转盆同时进行。

（五）换盆

换盆是指将盆栽的植物移到另一个盆中栽植的操作。在下列两种情况下需换盆：一是随着幼苗的长大，根系在原来较小的盆中已无法伸展，相互盘叠或一部分穿出排水孔，此时应由小盆换大盆，以扩大根系的生长空间。二是由于养殖的时间长，容器中基质的物理性状变劣，养分贫乏；或基质被老根充满，植株的吸收能力下降；或软质塑料容器已老化、破损。此时需要换盆修整根系和更新基质，容器的大小可不变。

1. 换盆次数

由小容器换大容器时，应逐渐换到较大的容器中，不宜一次换入过大的容器。容器大苗小，水分不易控制，容易导致通气不良，从而影响植物生长。温室一、二年生的花卉生长迅速，一般到开花前要换盆 2 ~ 4 次；宿根花卉多为一年换盆一次；木本花卉多 2 ~ 3 年换盆一次，具体依种类而定。

2. 换盆时间

宿根花卉和木本花卉在秋季生长将停止时进行，或在春季生长开始前进行。常绿植物可在雨季进行。在保护地，只要条件合适，可随时换盆。需要注意的是：在花芽形成或花朵盛开时不宜换容器。

3. 换盆方法

先将植物从原来的容器中取出（称脱盆）。脱盆时，一只手按住植物的基部，将盆提起倒置，另一只手轻叩盆边，取出土球。对较大的花木，可将盆侧放，双手握住植株基部，用脚轻端盆边，即可将土球取出。对软质塑料容器苗，将容器撕破取出土球。然后根据植物的种类和栽培年限，对土球进行处理：对一、二年花卉，土球一般不作处理，可在容器底部填入排水层，将原土球放入容器中，在土球四周填入新基质，压实即可；对宿根、球根花卉，需去除原土球部分旧土，并剪除土球外围的老根、枯根、卷曲根，然后再栽入新容器中，有时结合换盆进行分株；对木本花卉，一般先适当切除部分原土球（切除部分一般不超过土球的 1/3），剪除裸露的老根、病残根，并适当修剪枝叶，然后再植入新容器中。盆栽植物不宜换盆时，可将盆面及肩部旧土铲去更换新土，也有换盆效果。

对于大型容器，换盆较困难。一般先将容器搬放或吊放在高台上，然后用绳子分别在植株的茎基部和干的中部绑扎结实，将植物轻轻吊起，使容器倾斜，慢慢扣出容器。对土球进行处理后，用新基质重新植入容器中，最后立起容器，压实淋水。

4. 换盆初期的管理

换盆后立即浇透水，此后浇水以保持土壤湿润为度。浇水可多次少量，不可灌水过多。若太阳过猛烈，则要遮阳或将植物置于阴处养护。

第七章　园林植物的有害生物概述

第一节　有害生物的概念与分类

一、有害生物的理解

园林植物有害生物是指危害植物的昆虫、动物、病原微生物、寄生植物、线虫及部分杂草。这些有害生物种类繁多，影响植物正常生长。每种有害生物的发生规律不同，同一有害生物在不同植物上危害表现方式也不同，危害方式受气候影响的因素也比较大。部分有害生物对植物造成的危害并不严重，植物生长发育看似正常，因而通常被忽略，但仍然有大量的有害生物的危害是不可逆的，造成植物畸形、扭曲、残缺、落叶等各种状况，影响植物吸收和运送水肥能力及光合能力，植物逐渐衰弱、退化乃至死亡，并传播病毒造成污染，甚至对人类生产生活带来影响，所以需要人们采取科学有效的手段及时应对处置。

园艺工作者应通过理论与实践的结合，不断提高对有害生物危害的认知，通过日常观察植物生长状态的变化，对管养植物受有害生物危害的发生情况做出正确的判断，并制订完整的防治预案，及时合理把握防治阈值。

二、有害生物分类

将园林植物有害生物分类，是从有害生物的危害特点中寻找共同的规律，有利于人们便捷地寻找到合适的防治手段。沿用植保一贯的分类方法，我们可以将苏州地区园林植物常见所以有害生物主要分为以下几个大类。

1. 食叶性昆虫

主要以咀嚼式口器取食植物叶片，有时也会取食植物的花、果、嫩梢等，危害方式多样，从叶片叶基、叶缘、叶尖、叶面、叶背不同部位开始啃食，造成植物叶片有缺刻、孔洞、卷曲、斑块等，其危害具有周期性、爆发性特点，容易造成景观受损。一般情况下，人们通过危害状可大致判断出此类昆虫类群，多以鳞翅目幼虫、鞘翅目成虫等为主。这些昆虫虽不会直接导致植物死亡，但会导致植物的光合能力下降，持续多次爆发危害，会导致树势衰弱直至死亡。

2. 刺吸性昆虫

主要以刺吸式、锉吸式口器吸取植物汁液为食的一类昆虫，种类繁多，大多属同翅目、半翅目、缨翅目昆虫，有蚜、虱、蚧、蝽、蝉、蓟马等，它们的共同点是，都在植物生长高峰期危害植物叶片及未完全木质化的枝条。这些昆虫大多虫体很小，常群集危害，造成新梢嫩叶扭曲畸形失绿，危害严重的情况下，可导致植物落叶，影响植物光合作用，使植物易传播病毒并诱发煤污病。其中蚜虫类最容易防治，但其繁殖方式复杂多样，因而种群很容易恢复；蚧壳虫类危害方式隐蔽，因其体表有蜡质，药剂不易渗透，且防治时机难以把握，属于较难防治的刺吸类昆虫，常导致树势衰弱，严重生长不良。

3. 刺吸性螨类

螨类属蛛形纲，不是昆虫，种类繁多，主要生活在叶片上以刺吸性方式吸取植物汁液，导致叶片失绿，严重影响植物的光合能力。区别于刺吸性昆虫，螨类在高温干旱时期更容易爆发危害，并且药剂防治常会引起其再猖獗，传统上常将其与蚧、虱、蚜、蓟马并列称为“五小”害虫，因其危害及防治特殊，有别于昆虫及近年危害渐趋严重，是有必要将其单列一类的重要原因。

4. 钻蛀性昆虫

钻蛀性昆虫是园林上公认危害最大、防治最难的害虫。主要有天牛类、吉丁虫类、象甲类、小蠹虫类、木蠹蛾类等。其危害大，钻蛀性害虫在枝干根茎皮层内取食危害，部分蛀入枝干木质部及髓心形成孔道，导致植物韧皮部坏死，植物输导组织被破坏，并传播病毒和各种病害，使植物表皮创面大，极难愈合，常表现出一侧或整株植物失水萎蔫，是植物致死最常见的原因。危害方式隐蔽、危害期长是钻蛀性害虫难以防治的主要原因。

5. 地下害虫

主要以蛴螬即鞘翅目金龟子幼虫危害最大，它们群集在植物根部，啃食植物根部皮层，破坏植物根系吸收能力，传播病害，导致植物衰弱，尤其常导致低矮灌木、地被草本成片死亡。同翅目蚱蝉若虫在地下刺吸植物根系，种群庞大，生活多年，对植物造成的危害缓慢而持续，并且很难对其进行评估分析。根系是植物生长的根本，植物根系生长在完全封闭的地下空间，在其受危害初期是不易被发现的，一旦植物出现危害症状，基本无法挽回，由此可见防治地下害虫的难度。

6. 软体动物

主要是蜗牛、蛞蝓、福寿螺，春秋两季取食和危害草本地被植物的茎、叶、花，尤其对精细种植的草花危害明显，造成植株叶片有孔洞、缺刻和斑块，虫体爬行留下的黏液在阳光下呈七彩反光。福寿螺危害水生植物，大量红色卵块附着在水生植物茎干上，严重影响景观。

7. 病原微生物

植物病原微生物有真菌、细菌、病毒、植原体等多种，其危害状况与危害程度也是千差万别，目前得到深入透彻研究的仅是冰山一角，有大量猝死植物仍未能查找和分析出原因。植物受病原微生物危害，内因主要是植物生长衰弱，通过昆虫危害、修剪及其他损伤形成的伤口侵染。其传播扩散的主要介质是土壤、雨水、空气、鸟类等动物或人为接触等方式。在植物组织器官中一般最先从叶片表现出来，危害初期不易被观察到，当危害状明显易见时植物大多数已极难治愈。

8. 杂草

园林绿地杂草的概念很宽泛，养护目标植物以外的草本植物都可以视作杂草。杂草防除要坚持“除早、除小、除了”的原则，但杂草面广且量大，生命力顽强，最主要是与目标养护植物混杂生长，所以很难通过简单有效的养护措施将其根除。因杂草太复杂，本书仅简单介绍绿地内的一些常见杂草，并根据季节性将之大致分为当年草、越冬草、多年草。

第二节　有害生物发生危害的环境因子特点

以植物为危害对象的有害生物是与植物的生物学特性以及生长发育密切相关的，甚至与对应植物物候期高度相关。影响植物生长的环境因子主要是温度、光照、水分、空气等，而有害生物同样受这些环境因子的影响。植物对生存环境的变化是最敏感的，而有害生物的危害也会随之发生变化，由此使得其危害情况变得相对复杂，人们必须在实践中不断分析、总结、积累。有害生物有前文所述的几大类，暂以昆虫为例阐述其主要特点。

1. 温度影响的特点

苏州地区属亚热带季风海洋性气候，四季分明，无霜期达到 233 天左右，植物生长年周期明显，冬季落叶树休眠、常绿树停止生长。中国传统节气“惊蛰”（3 月 5 ~ 7 日）前后，苏州历年气象数据显示气温在 8 ~ 10℃，也即植物生长的生物学零度，随有效积温的增大，万物复苏，冬季休眠的植物开始恢复生长，越冬的昆虫也开始活动。由此可见，苏州地区昆虫、植物年周期活动受温度因素的制约最大，活动起止时间是基本相同的。各类植物树液流动，从嫩芽萌动、绿叶舒展、新梢长出，至立夏（5 月 5 ~ 7 日）前后新梢停止伸长生长，新叶展开至最大逐渐成熟，此时植物的茎、秆、叶相对柔嫩，这一阶段是以刺吸性害虫为主要危害的高峰期。立夏过后气温处于植物生长的最适温度，植物光合能力增强，新梢嫩叶充实饱满，大多刺吸性蚜虫类危害处于尾声，是其他大部分害虫危害及繁殖活跃期。夏季梅雨过后，从小暑（7 月 6 ~ 8 日）开始持续到立秋（8

月 7 ~ 9 日）前后，一般持续高温，植物基本处于停止生长的状态，多数昆虫在此阶段也以各种自我保护状态度过高温时段。立秋过后，气温逐步下降，植物进入一年内的第二个生长高峰，除部分植物的芽具备早熟性萌发秋梢外，大部分植物的光合作用主要是贮藏养分，叶片营养丰富。这个阶段是以食叶性害虫为主要危害的活跃期，往往因上半年害虫基数大且世代重叠，爆发危害的情况时有发生。随着气温逐步下降，植物害虫陆续进入越冬状态。

近年来，园艺工作者普遍反映，部分害虫发生规律及危害情况产生了变化，最明显的特点是其活动延后，其实这与全球气候变暖有直接关系，但本质上仍符合温度对害虫影响的特点。

2. 水分影响的特点

水是植物生活的必要条件，苏州地区常年平均降雨量为 1100mm 左右，其中夏季梅雨及台风暴雨总量为 500mm 左右。气象资料显示，传统节气惊蛰前后雷阵雨天气出现的概率相对较高，直至清明、谷雨节气前后，苏州地区基本处于春雨阶段，植物抽梢展叶需要大量的水分，水分不足新梢就会提早停止生长，叶片展开不足，这个阶段也是各类昆虫的危害期。苏州地区梅雨量年际不均匀，气象资料记录多的年份梅雨量达 746mm（1999 年），少的年份梅雨量仅为 14mm（2005 年），梅雨量持续时间差别也大。根际过多的水分对植物生长起明显的抑制作用，植物组织含水量过高，这个阶段刺吸性昆虫危害情况降低，过多的雨水也抑制了其他有害昆虫的活动。进入夏季高温阶段，强对流天气常带来短期雷暴大风现象，降雨量不等，这个阶段大部分昆虫受高温影响比较大。立秋过后，苏州地区秋高气爽，降雨量偏少，这个阶段也是植物生长高峰期，部分食叶性昆虫危害情况也随之加剧。

3. 光照影响的特点

光是绿色植物不可缺少的生存条件，光照条件好，植物光合同化产物积累就多，与此相应地，昆虫取食危害也就严重。太阳光可以转化成热能，昆虫的生长发育及活动均需要充足的光照条件，苏州地区夏季太阳直射角度最大，日照时间长，大部分昆虫停止取食活动，以卵、蛹等形态越夏。仍然继续危害的昆虫，大多白天隐藏，夜间活动取食。

4. 昆虫与植物的对应关系

昆虫与植物分属动物界、植物界，数量庞大，都有多种的分类系统，很多昆虫名前冠有植物名，多数情况是对应植物受害最重，单一专化危害往往具有爆发性特点。常见昆虫寄主广泛食性很杂，通过植物分类尤其是现今分子水平的分类发现，往往一种昆虫危害范围的规律仍是同属、同科为主，然后才是扩大到不同科属，即从植物角度，当某种植物受昆虫危害，同时期，其亲缘关系越近的同科属植物，受同等程度危害的概率越大。

以上特点分析表明，在植物生长的年周期内，大部分害虫危害相对集中在 4 ~ 6 月、8 ~ 10 月这两个植物生长高峰阶段。

第三节　植物保护防治预案制定

有害生物发生危害与植物生长年周期同步发生，造成植物伤害每年往复循环发生，这样的规律看似尽在掌握之中，但总有园艺工作者意料之外的情况发生。植物的年周期内的两个生长高峰，一般也是大部分有害生物对植物肆意危害的时段，并且大部分危害的爆发，均是由于第一阶段防治工作的麻痹大意或疏忽造成的。例如，2016 年苏州地区樟巢螟第二代危害普遍大爆发，受害严重的香樟整株竟有上千个虫巢，直至当年 12 月上中旬老熟幼虫仍存在少量危害。但 2017 年总体发生较轻，仅第一代樟巢螟局部发生严重危害。再如，以小袋蛾为主的袋蛾类害虫，近三年来对多种寄主植物普遍危害严重，香樟、火棘、红花檵木、侧柏等植物整株成片被取食殆尽的现象已不鲜见。2018 年苏锡常地区香樟受石榴小爪螨严重危害，基本无一幸免，香樟叶片发红发黄的现象随处可见。因此，园艺工作者应该对植保防治工作有详备的防治预案，其关键是基础防治工作要扎实可靠，应急反应能及时跟上。

1. 建立台账制度

园艺工作者应该对管辖区内的植物种类、数量、分布情况建立台账，并将历年有害生物危害情况准确、完整、清晰地标注记录在台账上，这样的植物信息数据台账是植保防治工作的基础，是开展植物有害生物防治物资准备、计划制订及实施的重要依据。

2. 多渠道利用植保预测预报信息

目前针对城市绿地植保的专业性预测预报信息，其发布的制度、机构、人员等还不够健全或完善，现阶段园林行业主管部门发布的植保防治信息大多源于个体经验和局部现场踏勘，或直接借鉴自农林部门，其局限性明显。园艺工作者应该根据管辖区内植物的特性，更多地关注和利用其他科研机构、周边城市等提供的植保信息。

3. 不同阶段的防治重点

植食性昆虫与植物的相关性具体体现在：植物年周期内经历了从芽萌动到抽新梢展绿叶，再到开花结果，最后落叶等不同生长阶段，在不同生长阶段，植物组织的含水量、内含营养物等也处于不同水平，且与之对应的主要有害昆虫的种类是有一定规律的。第一阶段从芽萌动至新梢展叶期，植物组织柔嫩且含水量高，这一阶段其所受危害主要是刺吸性蚜虫类昆虫的危害，时间大约在清明至谷雨阶段。第二阶段是新梢停止生长逐渐木质化，叶片完全展开，这一阶段其所受危害主要是刺吸性螨类、蚧类、钻蛀类等昆虫的危害，这一阶段它们处于繁殖高峰期。第三阶段是夏季高温干旱期间，除少量食叶性害虫继续危害植物之外，大部分植物害虫处于休眠状态。第四阶段气温逐渐降低，这一阶段植物所受危害以食叶性害虫以及刺吸性螨类的危害为主。第五阶段进入 11 月中下旬，植物及威胁其生长的有害昆虫均陆续进入越冬休眠状态。

4. 统防统治与重点防治相结合

有计划地对城市绿地全面实施一次植保防治工作是颇耗费人力和物力的，同时其对环境及人群都有很大的影响。基于有害生物的危害特点，在相对集中的时间段大部分植物受有害生物危害的情形大致相同，园艺工作者组织实施植保防治工作，应该坚持“统防统治与重点防治相结合”的原则。以蚜虫为例，早春完全不受蚜虫危害的植物很少见，蚜虫刺吸导致植物新叶扭曲变形是不可逆的，各种植物萌芽虽有早晚差异，但在农历清明至谷雨节气这段时间内，大部分植物新梢新叶均不同程度地受蚜虫刺吸危害，完全靠草蛉、食蚜蝇、瓢虫捕食蚜虫是不可靠的，并且大量的瓢虫幼虫同样不被人们接受，统防统治能经济有效地将各类蚜虫危害控制在最低水平。对于生长在不同区域、受虫害危害不同的树种必须区别对待，其中，对于生长在人流密集区域、易受危害的树种必须重点防治。部分爆食性虫害在一年内会发生多次，第一代害虫种群数量小，其危害常常并不明显，若对其疏于防治或缺乏针对性的防治，往往会导致这种害虫后代世代重叠，从而造成严重危害。部分常见危害严重的病害，在早春植物恢复生长之际就开始侵染植物了，其初期症状不明显，若未能及时采取有效措施进行针对性防治，一旦外界环境适合，便会迅速扩展其危害，造成植物长势衰弱，直至死亡。因此，在关键时机对重点有害生物采取恰当的防治措施，对植物栽培养护是起决定作用的。

第四节　有害生物防治注意事项

在农林业生产中，采取化学防治仍然是现阶段控制有害生物最经济有效的手段。为应对各种各样的有害生物，科研人员已研制出大量的药剂，并且在生产实践中不断摸索总结，从剂型、复配、助剂等方面不断完善，并提高施药技术水平，力求最经济有效地将有害生物控制在一定危害水平以下。园林绿化与农林业生产有很大区别，最大的区别是园林绿化“与人共处，无经济效益”。根据笔者二十多年的经历，园艺工作者应关注目标植物，首先做好土肥水管理、整形修剪每个环节，为植物生长健康层次分明创造条件。古语讲“物必先腐，而后虫生”，植保工作只是绿化养护工作中的一个环节，园艺管理者知道了问题是什么、措施到位，一般大部分病虫草害就可以控制在一定范围内。很多关于植保的书籍都会大量推荐使用农药种类、浓度，其利在有针对性，其弊在有局限性。在此简单阐述园林植物有害生物防治过程中的总体注意事项。

第一，要用对药。坚持统防统治原则是管理单位的首要职责，不能分解到作业单位。管理单位对主要危害生物的发生情况定期观测，综合利用植保信息，最后再结合实际情况做出准确判断，以指导选用农药种类、使用浓度、用药频率，并记录在案。在统防统治原则下，科学、经济、有效、安全、环保的目标才可能实现。在现阶段，作业模式基本实现服务外包，作业单位农药采购途径有很多种，所以管理单位应明确要求选择正规生产厂家、正规销售渠道的药剂种类。因病虫抗药性及科研深入，针对性防治的农药产品不断问世，在使用替代农药时，必须对产品说明中的注意事项充分了解，对防治效果、植物伤害、环境污染更要做到胸中有数。

第二，要用对时。有害生物防治时机多数情况是在危害尚不明显的阶段。园林养护不产生经济效益，外包作业单位每进行一次植保防治，均是人力和物力的耗费，管理单位追求的社会效益常常因此经受考验。植保防治时机稍纵即逝，有时错过不仅影响当年，对来年也会有很大关系，最典型的例子是近年发生严重的银杏超小卷蛾，在谷雨前后三天不能抓住防治时机，之后所有的补防不仅无法改变危害带来的景观影响，还会使防治效果低下，造成浪费。

第三，要用对人。现阶段，园艺植保一线技术人员并没有与园林绿地建设规模同比例增长，作业人员均是城镇化前的农民，且老龄化严重，本质上绿化养护仍属于大农业，劳动强度大、收入低、地位低，行业特点决定了能补充进来的作业人员普遍文化程度不高，执行防治任务技术上常常达不到要求。导致防治失败最常见的具体错误有农药配比随意、不按指导要求混用、施药时间完全无视昆虫危害特点，不仅造成错防漏防，还浪费极大。

参考文献

[1] 蔡清 . 园林植物景观设计 [M]. 郑州：黄河水利出版社， 2023.

[2] 潘欣编 . 成都市人工栽培植物多样性及园林应用 [M]. 成都: 四川科学技术出版社， 2023.

[3] 汪凌龙 . 园林植物养护管理 [M]. 2 版 . 北京：高等教育出版社，2023.

[4] 王华锋编 . 热带农业与园林常见植物 [M]. 北京：化学工业出版社， 2023.

[5] 李跃健编 . 园林植物造景与空间营造 [M]. 北京：科学出版社，2023.

[6] 古腾清，林爵平编 . 园林植物环境与栽培 [M]. 北京：高等教育出版社， 2023.

[7] 周厚高 . 现代园林植物景观丛书——花坛植物景观 [M]. 贵阳：贵州科学技术出版社， 2023.

[8] 丁世民，吴祥春编 . 园林植物病虫图谱 [M]. 北京：科学出版社， 2022.

[9] 周江鸿，夏菲，车少臣 . 北京园林植物花粉扫描电镜图谱 [M]. 北京：中国林业出版社， 2022.

[10] 闫创新编 . 豫南常见园林植物花历与景观应用 [M]. 北京：中国林业出版社，2022.

[11] 王铖，贺坤编 . 园林植物识别与应用 [M]. 上海：上海科学技术出版社， 2022.

[12] 王平，王树娟，田新 . 呼和浩特园林植物病虫 [M]. 北京：中国林业出版社，2022.

[13] 袁伊旻，傅强，王植芳主编 . 园林植物基础 [M]. 武汉：华中科技大学出版社，2022.

[14] 高云凤 . 园林植物景观设计与应用 [M]. 2 版 . 北京：中国电力出版社， 2022.

[15] 吕勐 . 园林景观与园林植物设计 [M]. 长春：吉林科学技术出版社， 2022.

[16] 赵印泉，等 . 风景园林植物景观设计与营造 [M]. 北京：化学工业出版社，2022.

[17] 傅新生，何芬，李瑞清编 . 园林植物病虫害图鉴与生态综合防治 [M]. 北京：中国建筑工业出版社， 2022.

[18] 于玲，陶熙文 . 园林植物栽培养护技术 [J]. 现代农业科技，2023（14）：155-158.

[19] 陈如 . 园林植物高效配置分析 [J]. 中南农业科技，2023（2）.

[20] 孟红 . 园林植物的种植与栽植技术 [J]. 河北农机，2023（7）.

[21] 熊凯文 . 古典园林植物配置浅析及对现代园林植物的启示 [J]. 现代园艺，2022（9）：115-117.

[22] 刘晖 . 园林植物害虫治理研究 [J]. 区域治理，2022（29）：259-262.

[23] 赵天成 . 园林植物修剪与整形探讨 [J]. 花卉，2022（12）：13-15.

[24] 陈如 . 园林植物高效配置分析 [J]. 中南农业科技，2022（5）：91-92，125.

[25] 刘建兰 . 园林植物的栽培与养护 [J]. 花卉，2020（4）：13-14.

[26] 丁军霞 . 园林植物的栽培与养护 [J]. 种子科技，2020（1）：55，57.

[27] 许善忠，马仁强 . 园林植物养护管理与配置 [J]. 城市建设理论研究，2021（32）：126-128.

[28] 任文俊，黄若之，陈强，等 . 园林植物叶片光合色素的季节变化 [J]. 农业与技术，2023（17）：126-129.

[29] 董宇 . 北方地区园林植物的养护管理技术 [J]. 园艺与种苗，2023（9）：71-73.

[30] 裴张新，王志华，于静亚，等 . 园林植物炭疽病研究进展 [J]. 中国森林病虫，2023（6）.

[31] 张新果，张启翔 . 园林植物嗅景对人体健康的影响 [J]. 林业科学，2023（4）：100-116.

[32] 王凯强 . 城市园林植物对土壤的综合影响 [J]. 现代园艺，2023（4）：177-179.

[33] 张莹，詹振亮 . 康复景观中园林植物的应用研究 [J]. 农业灾害研究，2023（C8）：83-85.

[34] 刘超 . 园林植物的修剪技术与养护管理研究 [J]. 建材与装饰，2023（5）：36-38.

[35] 吕勐 . 园林植物设计思路及色彩的运用 [J]. 花卉，2023（4）：31-33.

[36] 李敏，韩瑾璇，胡俊峰，等 . 园林植物物候研究展望 [J]. 四川建筑，2021（6）：269-273.

[37] 汪子涵 . 抗风园林植物的选择与应用分析 [J]. 现代园艺，2022（24）：129-131.

[38] 刘亚静 . 园林植物的花芽分化与开花坐果探讨 [J]. 经济技术协作信息，2022（29）：222-224.

[39] 王坤 . 园林植物在生态修复中的应用 [J]. 花卉，2022（12）：100-102.

[40] 唐大哲 . 园林植物反季节栽植技术研究 [J]. 种子科技，2022（22）：117-119.

[41] 李豪 . 基于色彩理论的园林植物应用设计 [J]. 农村科学实验，2022（10）：161-163.